塔里木大学"十四五"规划特色教材

生物化学实验

陈水红　任　敏　应　璐　主编

U0306451

中国农业科学技术出版社

图书在版编目(CIP)数据

生物化学实验 / 陈水红，任敏，应璐主编. --北京：中国农业科学技术出版社，2023.6

ISBN 978-7-5116-6219-4

Ⅰ.①生⋯　Ⅱ.①陈⋯②任⋯③应⋯　Ⅲ.①生物化学-化学实验-教材　Ⅳ.①Q5-33

中国国家版本馆 CIP 数据核字(2023)第 054006 号

责任编辑	张国锋
责任校对	贾若妍　李向荣
责任印制	姜义伟　王思文

出 版 者　中国农业科学技术出版社
　　　　　北京市中关村南大街 12 号　　邮编：100081
电　　话　(010) 82106625 (编辑室)　　(010) 82109702 (发行部)
　　　　　(010) 82109709 (读者服务部)
网　　址　https://castp.caas.cn
经 销 者　各地新华书店
印 刷 者　北京富泰印刷有限责任公司
开　　本　170 mm×240 mm　1/16
印　　张　10.5
字　　数　170 千字
版　　次　2023 年 6 月第 1 版　2023 年 6 月第 1 次印刷
定　　价　38.00 元

《生物化学实验》
编写人员名单

主　编　陈水红　任　敏　应　璐

副主编　白宝伟　鲍根生

编　者　陈水红（塔里木大学）

　　　　　任　敏（塔里木大学）

　　　　　应　璐（塔里木大学）

　　　　　白宝伟（塔里木大学）

　　　　　鲍根生（青海省畜牧兽医科学院）

　　　　　姜仁军（塔里木大学）

　　　　　李树伟（塔里木大学）

　　　　　王爱英（石河子大学）

　　　　　郝　娟（杭州师范大学）

　　　　　韩占江（塔里木大学）

　　　　　矫继峰（营口理工学院）

　　　　　杨丽娟（四川轻化工大学）

　　　　　张学柏（塔里木大学）

前　　言

　　生物化学是高校生命科学相关专业的基础课，该课程建立在坚厚的实验基础上。如未开设实验课，学生将难以理解现代生物化学理论，也影响学生对相关课程（如细胞学、生理学、分子生物学、遗传学、育种学等）的学习。因此，生物化学实验不仅是生物化学教学的重要组成部分，在培养学生分析问题和解决问题的能力，培养学生独立工作能力和严谨科学态度等方面，也有着不可替代的作用。

　　生物化学实验教学的宗旨是帮助学生学习生物化学基本原理及实验方法，掌握生物化学的基本技能，了解生物化学在生产实践中的重要意义，培养学生细致、认真、实事求是的科学作风。通过本实验课程的学习，要求学生正确、熟练地掌握电泳、离心、分光光度技术和分离提取、滴定、层析等常见的生物化学分析、制备技术，通过讲授和操作，学生将受到系统的生物化学方法和技术的基本训练，其目的在于使学生有一个完整的实际锻炼过程，为学生进入更高层次的学习或从事科研工作奠定基础。

　　本次编写的《生物化学实验》分为两篇，第一篇为基础实验篇，按照理论课程的章节顺序安排实验，涉及的生物化学技术，放在相关实验讲述；第二篇为综合实验篇，设计了几个相关的综合实验，主要锻炼学生的综合实验技能；最后为附录。本次编写的教材选用新疆特色动植物材料为实验材料，具有地方特色。

　　本教材是在多年使用的实验讲义的基础上，结合专业特点突出内容的系统性和完整性，反复斟酌最终完成。该教材结合本校实际，同时编写过程中参考了其他院校的实验教材，对内容进行了补充、修改和调整。教材中各实验分别由陈水红（基础实验二、二十和综合实验三）、任敏（基础实验三、十二、十八、十九，综合实验二）、应璐（基础实验一、十、十五，综合实验一）、姜仁军（基础实验八、十七，综合实验四）、白宝伟（基础实验九、十四）、鲍根生（基础实验五）、李树伟（基础实验七）、王爱英（基础实验六）、郝娟（基础实验四）、韩占江（基础实验十一）、矫继峰（基础实验十三）、杨丽娟（基础实验十六）、张学柏（附录）编写，由陈水红、任敏、应璐统稿、定稿。

本教材适用于综合性院校及农林、师范等相关专业的本科生和研究生，还可供从事生物化学教学与研究工作的有关人员参考。由于经验和水平有限，若有不足和不妥之处，还请广大读者在参考使用过程中提出意见和建议，使本书日臻完善。

本教材得到生物技术国家级一流本科专业（YLZYGJ202001）、应用生物科学兵团级一流本科专业的项目资助。同时也得到了中华农业科教基金课程教材建设研究项目——农林院校《生物化学研究技术》（第二版）教材建设研究项目（编号 NKJ202102021）的资助，教育部西北地区生物科学专业虚拟教研室资助。

编　者

2022 年 6 月

目　　录

第一篇　生物化学基础实验

第二篇　生物化学综合实验

第一篇　生物化学基础实验

实验一、生物化学实验基本要求和常用仪器使用方法

一、生物化学实验室要求及注意事项

（一）实验室规则

为了保证生物化学实验安全顺利进行，培养同学们掌握规范的生物化学基本实验技能，特制定以下实验细则，请同学们严格遵守。

（1）进入实验室前进行实验室安全培训，培训合格后方具备进入实验室学习资格。

（2）实验课前预习实验目的、实验理论、实验操作步骤。按照班级自愿组合划分实验组，准时到实验室上课。非本实验组的同学不准进入实验室。

（3）实验中禁止饮食，禁止吸烟，必须穿实验服，长发需要扎起来，个人物品置于指定位置，课堂保持安静。

（4）取完试剂应将瓶盖盖好，公用物品用完后放回原处，实验中随时保持实验台面、地面的清洁整齐。危险固体废弃物、危险液体废弃物放入指定的收集容器中，禁止直接倒入水槽或普通生活垃圾桶中。

（5）按需取用药品试剂，遵守操作规程。在量程内使用仪器，不得随意移动实验仪器。实验设备因非实验性损坏，由损坏者赔偿。

（6）使用水、火、电时，要做到人在使用，人走关水、断电、熄火。

（7）做完实验要清洗仪器、器皿，并放回原位。

（8）做实验过程中及时准确记录原始实验数据。

（9）实验完毕，经过指导教师检查合格后，实验组方可结束实验并离开实验室。值日生轮值打扫实验室卫生，指导教师检查合格后方可离开。

（10）实验后，在规定的时间内完成实验报告，方给予成绩。

（二）实验记录和实验报告的书写

实验是在理论指导下的科学实践，目的在于经过实践掌握科学观察的基本方法和技能，培养学生科学思维、分析判断和解决实际问题的能力，也是培养探求真知、尊重科学事实和真理的学风，培养科学态度的重要环节。

1. 实验记录

记录实验中观察到的现象、结果和数据，及时地记录在实验本上。一般来说，应该使用学校统一印刷的实验本。原始数据必须准确、简练、详尽、清楚。

记录时不能夹杂主观因素，在定量实验中观测的数据，如称量物的重量、滴定管的读数、光密度值等，都应设计一定的表格，依据仪器的精确度记录有效数字。完整的实验记录包括实验人员及小组成员、实验日期、实验题目、目的、原理、操作、结果、数据及单位。

2. 实验报告

实验结束后，应及时整理和总结实验结果及记录，按照下列顺序写出实验报告。

（1）实验名称。

（2）实验日期、实验地点、操作者姓名。

（3）实验目的。

（4）实验原理。

（5）操作步骤。

（6）实验结果与分析。

对实验方法、实验结果和异常现象进行探讨和评论，以及对于实验设计的认识、体会和建议。

（7）注意事项。

（8）思考题。

二、生物化学实验室基本操作

（一）常用量器的使用方法

量器是指对液体体积进行计量的玻璃器皿，如滴定管、移液管、容量瓶、量筒、刻度吸量管、刻度离心管及自动加液管等。

1. 滴定管

滴定管分常量与微量滴定管。常量滴定管又分为酸式与碱式两种。酸式滴定管用于盛装酸性、氧化性以及盐类的稀溶液。碱式滴定管用来盛装碱性溶液。棕色滴定管用于盛装见光易分解的溶液。常量滴定管的容积有 20 mL、25 mL、50 mL、100 mL 4 种规格。滴定管主要用于容量分析。一般是左手握塞，右手持瓶；左手滴液体，右手摇动。在滴定台上衬以白纸或者白磁板，以便观察锥形瓶内的颜色。滴定速度以 10 mL/min，即每秒 3~4 滴为宜。接近终点时，滴速要慢。甚至每秒半滴或 1/4 滴进行滴定，以免过量。达到终点后稍停 1~2 min，等待内壁挂有的溶液完全流下时再读取刻度数。一般读数方法：普通滴定管读取数据，双眼与液面同水平读数；有色液读取数据是溶液弯月面两侧最高点连线与刻度线重合点；无色液读取数据是溶液弯月面最低点水平线与刻度线重合点。

2. 移液管

可准确地量取溶液的体积。

（1）刻度移液管。

供量取 10 mL 以下任意体积的液体时用，分全流出式与不完全流出式两种。全流出式：一般包括尖端部分，欲将所量取液体全部放出时，须将残留管尖的液体吹出。此类移液管的上端常标有"吹"字或"快"字。不完全流出式：若移液管上端未标有"吹"字样，则残留管尖的液体不必吹出，其刻度不包括移液管的最后一部分。

（2）移液管的使用。

① 选择：使用前先根据需要选择适当的移液管，刻度移液管的总容量最好等于或稍大于最大取液量。临用前要看清容量和刻度。

② 执管：用拇指和中指（辅以无名指），持移液管上部，用食指堵住上口并控制液体流速，刻度数字要面向自己。

③ 取液：用另一只手捏压橡皮球，将移液管插入液体内（不得悬空，以免液体吸入球内），用橡皮球将液体吸至最高刻度上端 1~2 cm 处，然后迅速用食指按紧管上口，使液体不至于从管下口流出。

④ 调准刻度：将移液管提出液面，吸黏性较大的液体（如全血、血清、血浆）时；先用滤纸擦干管尖外壁，然后用食指控制液体缓慢下降至所需刻度（此时液体凹面、视线和刻度应在同一水面上），并立即按紧移液管上口。

⑤ 放液：放松食指，使液体自然流入受器内。放液时，管尖最好接触受器内壁。但不要插入受器内原有的液体中，以免污染吸量管和试剂。

⑥ 洗涤：吸血液、血清等黏稠液体及标本（尿液）的吸量管，使用后要及时用自来水冲洗干净。吸一般试剂的吸量管可不必马上冲洗，待实验完毕后再冲洗。冲洗干净，最后用蒸馏水冲洗，晾干备用。

3. 容量瓶

用于配制一定浓度标准溶液或试样溶液。颈上刻有标线，表示在 20℃，溶液装至标线的容积。使用前应先检查容量瓶的瓶塞是否漏水，瓶塞应系在瓶颈上，不得任意更换。瓶内壁不得挂有水珠，所称量的任何固体物质都必须先在小烧杯中溶解或加热溶解，冷却至室温后，才能转移到容量瓶中。

4. 量筒

量筒是用来量取要求不太严格的溶液体积。在配制要求不太准确的溶液浓度时，使用量筒比较方便。

5. 移液器

移液器由连续可调的机械装置和可替换的吸头组成，不同型号的移液器吸头不同。目前，实验室常用的移液器有 2 μL、10 μL、20 μL、100 μL、1 000 μL 等规格。

（1）移液器的操作方法。

移液之前，要保证移液器、枪头和液体处于相同温度。吸取液体时，移液器保持竖直状态，将枪头插入液面下 2~3 mm。在吸液之前，可以先吸放几次液体以润湿吸液嘴（尤其是要吸取黏稠或密度与水不同的液体时）。一次移液操作，可分解为装吸头、量程设定、润洗吸头、吸液、排液和吹液，以及退吸头 6 个步骤。移液器可以主要分为两种移液方法。

一是前进移液法，见图 1（a）。适合于水作为溶剂的液体（或者密度接近于水的液体）。空气体积对应转移液体积，是最常用的移液器使用方法。具体操作方法如下。

① 按钮从原点按下到第一停点。

② 将吸头浸入要转移液体中 2~3 mm。

③ 缓慢释放按钮至原点，液体被吸入枪头。

④ 将吸头沿着容器壁滑行，提起吸头，将吸头转入接受容器中。

⑤ 按钮从原点按至第一停点排出液体，稍停片刻继续按按钮至第二停点吹出残余的液体。

⑥ 按吸头推出杆，推掉吸头。

二是反向移液法，见图 1（b）。此法一般用于转移高黏液体、生物活性液体、易起泡液体或极微量的液体，其原理是先吸入多于设置量程的液体，转移液体时不用吹出残余的液体。具体操作方法如下。

① 将按钮推到第二停点。

② 将吸头浸入要转移液体中。

③ 将按钮缓慢释放至原点，液体将被吸入。

④ 将吸头沿着容器壁滑行，提起吸头，将吸头转入接受容器中。

⑤ 按钮推到第一停点，得到预设移液体积。

⑥ 将吸头转移出目标容器，推到第二停点出残余液体。

⑦ 按吸头推出杆，推掉吸头。

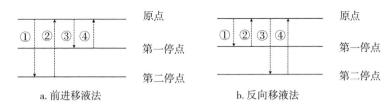

图 1 移液器两种移液方法图示

（2）移液器使用注意事项。

① 枪头的装配：移液器套柄用力下压并小幅左右转动即可。在将枪头套上移液枪时，很多人会使劲地在枪头盒子上敲几下，这是错误的做法。用力敲击吸头，会导致吸头变形，影响准确性；套柄在强力摩擦下磨损，影响密封，从而影

响准确性；小量程移液器的套柄比较细，用力敲击可能会损坏套柄。如果是多道（如 8 道或 12 道）移液枪，则可以将移液枪的第一道对准第一个枪头，然后倾斜地插入，往前后方向摇动即可卡紧。

② 量程设定和范围的选择：由大量程向小量程调节时，直接调节。由小量程向大量程调节时，先朝所需量程方向连贯旋转，旋转到达超过所需量程 1/3 圈处，回调到所需量程处。如从 20 μL 调节到 50 μL，先调节到 60 μL，再回旋到 50 μL。正确的量程设定可以提高移液的准确性。量程一般选择在 10%～100% 量程范围内操作，但在 10% 量程操作需要较高的操作技巧。因此最佳量程为 35%～100%。选择的量程范围越小，移液的准确性和重复性就会越差。

③ 润洗吸头：用同一样品对吸头进行润洗，充分洗液排液 2～3 次。润洗会在吸头内形成同质膜，降低吸头对样品的吸附；也有助于提高吸头多次相同移液操作的一致性。但是对于高温或低温样品，由于热胀冷缩带来的较大误差，不建议润洗。

④ 吸液：吸头浸入液体角度尽量保持垂直，倾斜角度不大于 15°。吸头的浸入深度，0.1～10 μL（1～2 mm），10～200 μL（2～3 mm），200～2 000 μL（3～6 mm），2 000 μL 以上（6～10 mm）。吸液后保持吸头浸入液面最少 1 s，然后将吸头平缓移开液面，对吸取大容量样品或者高黏度样品尤为重要。吸液时保持平顺，缓慢松开按钮，控制好吸液速度。过快的吸液速度，会导致形成起气栓，使移液不准确。样品进入套柄，对活塞和密封圈造成损伤，甚至造成样品交叉污染。

⑤ 定期维护保养：一是每天使用完毕，把移液枪的量程调至最大值的刻度，竖直放置在移液枪架上，使弹簧处于松弛状态，以保护弹簧。二是当移液器枪头里有液体时，不能水平放置或倒置，以免液体倒流腐蚀活塞弹簧。三是定期清洗移液枪，先用肥皂水或 60% 的异丙醇，再用蒸馏水清洗后自然晾干。四是定期校准，在 20～25℃ 环境中，通过 10 次重复称量 100%、50% 和 10% 量程蒸馏水，并计算得到平均值来校准。

（二）一般操作方法

1. 溶液的混匀

样品与试剂的混匀是保证化学反应充分进行的一种有效措施。为使反应体系内各物质迅速地互相接触，必须借助于外加的机械作用。混匀时须防止容器内液体溅出或被污染，严禁用手指直接堵塞试管口或锥形瓶口振摇。溶液稀释时也须混匀。

混匀的方法通常有以下几种。

（1）搅动混匀法。适用于烧杯内溶液的混匀。如固体试剂的溶解和混匀。搅拌使用的玻璃棒必须两头都圆滑，棒的粗、细、长、短必须与容器的大小和所配制溶液的多少呈适当的比例关系。搅拌时必须使搅棒沿着器壁运动，以免搅入空气或使溶液溅出。倾入液体时必须沿着器壁慢慢倾入，以免产生大量气体，倾倒表面张力低的液体更要缓慢仔细。研磨配制胶体溶液时，搅棒沿着研体的一个方向进行，不要来回研磨。

（2）旋转混匀法。适用于锥形瓶、大试管内溶液的混匀。手持容器使溶液作离心旋转，以手腕、肘或肩作轴旋转。

（3）指弹混匀法。适用于离心管或小试管内溶液的混匀。左手持试管上端，用右手指轻轻弹动试管下部，或用一只手的大拇指和食指持管的上端，用其余3个手指弹动离心管，使管内的液体作旋涡运动。

（4）振荡混匀法。适用于振荡器，使多个试管同时混匀，或试管置于试管架上，双手持管架轻轻振荡，达到混匀的目的。

（5）倒转混匀法。适用于有塞量筒和容量瓶及试管内容物的混匀。

（6）吸量管混匀法。用吸量管将溶液反复吸放数次，使溶液混匀。

（7）甩动混匀法。右手持试管上部，轻轻甩动振荡即可混匀。

（8）电磁搅拌混匀法。在电磁搅拌机上放上烧杯，在烧杯内放入封闭于玻璃试管或塑料管中的小铁棒，利用磁力使小铁棒旋转以达到混匀杯中液体的目的。

2. 过滤法

是分离沉淀和滤液的一种方法，可用于收集滤液，收集或洗涤沉淀。可用漏斗及滤纸或吸滤法。操作时应注意以下几点。

（1）制备血滤液等实验时，要用干滤纸而不能用水把滤纸先弄湿，因为湿滤纸会影响血液稀释的体积。

（2）折叠滤纸的角度应与漏斗相合，使滤纸上缘能与漏斗壁完全吻合，不留缝隙，一般采用平折法（即对折后再对折）。

（3）向漏斗中加溶液时，使其沿玻璃棒慢慢流下，玻璃棒不能在漏斗中搅动。倒入速度不要太快，以防损失，不得使液面超过滤纸上缘。

（4）较粗的过滤可用脱脂棉或纱布代替滤纸，有时也可用离心沉淀法代替过滤法。

3. 加热法

可直接用火（电炉）或水浴加热，使用水浴时防止浴中容器倾倒。酒精灯操作时应注意以下几点：①禁止头碰头点燃；②熄灭酒精灯时先用盖子盖一下，灭后再拿下重盖，防止形成真空，盖子打不开；③加热时管口不要对着人；④加热试管时用试管夹夹住试管的上1/3部分，均匀加热，再固定管底加热。

4. 烤干法

烤干试管时，应将管口向下倾斜约成45°，由上往下，先烤管底，最后将管口的水分烤干。烤干时须经常移动，以免炸裂。试管等普通玻璃器材，也可在烘箱内烘烤干。

5. 离心

选择合适的转子，转速需低于最高转速。离心管放置位置要平衡并严格配平（重量差根据转速而不同），一般为对称位置配平。

6. 溶液配制

（1）物质的量浓度溶液的配制步骤。一算、二称（量）、三溶、四洗、五移、六振、七定、八摇、九装、十贴。

（2）百分比浓度溶液的配制。一计算、二称量、三溶解。

三、仪器的清洗和操作方法

（一）玻璃仪器的洗涤与清洁

生物化学实验中经常会用到一些玻璃器皿，如烧杯、试管、锥形瓶、容量瓶、蒸发皿等。玻璃器皿在使用后，往往有残留物附着在仪器内壁，一些经过高温加热或长时间放置反应物质的玻璃器皿还不易洗净。不同的分析类型对玻璃器皿的洁净程度和洗涤方法又有不同的要求，实验前必须将玻璃器皿清洗干净，以满足不同的实验工作要求。衡量玻璃仪器洁净的标准为：内壁无异物，水膜附着均匀，既不聚成水滴，也不成股流下，晾干后不留水痕。

1. 新购置玻璃仪器的清洗

新购置来的玻璃仪器表面附着有游离碱质，应先用肥皂水洗刷后再用流水冲洗，浸泡于 1%~2% HCl 中过夜，取出后再用流水冲洗，最后用蒸馏水冲洗 2~3 次，在干燥箱中烤干或自然晾干，备用。

2. 使用过的玻璃仪器的洗涤

（1）一般玻璃仪器。烧杯、三角烧杯、试剂瓶、试管等，可先用洗衣粉或肥皂水刷洗，将器皿内外壁细心地刷洗，使其尽量多地产生泡沫，然后再用自来水洗干净，洗至容器内壁光洁不挂水珠为止，最后用蒸馏水冲洗 2~3 次，晾干备用。也可以将玻璃器皿浸于温热的洗涤剂水溶液中，在超声波清洗机液槽中超洗数分钟，然后再用毛刷刷洗。

（2）容量仪器。移液管、容量瓶、滴定管等在使用后立即用清水冲洗，勿使粘污物质干涸，并及时用流水或洗衣粉水尽量洗涤，稍干后用铬酸洗液浸泡数小时，然后用自来水反复冲洗，将洗液完全洗去，最后用蒸馏水冲洗 2~3 次，晾干备用。

（3）比色皿。用完立即用自来水反复冲洗干净，如不干净可用 HCl 或适当溶剂冲洗（避免用较强的碱液或强氧化剂清洗），再用自来水冲洗干净。切忌用试管刷、粗糙的布或纸擦洗，以保护比色皿透光性，冲洗后倒置晾干备用。一般来说，可见光范围内使用玻璃比色皿，紫外光范围内使用石英比色皿。

（二）清洗液的原理与配制

及时洗涤有利于选择合适的洗涤剂，容易判断残留物的性质；有些化学实验，及时倒去反应后的残液，就不会留有难去除的残留物。搁置一段时间后，挥发性溶剂逸去，就有残留物附着到玻璃器皿内壁，使洗涤变得更加困难。水溶性残留物用清水洗；特殊残留物：如残留物为碱性物质，可用稀盐酸或稀硫酸洗，使残留物发生反应而溶解；如残留物为酸性物质，可用氢氧化钠溶液洗，使残留物发生反应而溶解；若残留物为不易溶于酸或碱的物质，但易溶于某些有机溶剂，则选用这类有机溶剂作洗涤剂，使残留物溶解掉或反应掉。玻璃仪器洗涤后，如果内外无水滴聚集，也无水滴成股流下的现象，即已洗刷干净。

1. 肥皂水、洗衣粉、洗衣液和去污粉

是常用的洗涤剂，有乳化作用，可除去污垢，能使脂肪、蛋白质及其他粘着性物质溶解或松弛，一般玻璃仪器可直接用肥皂水浸泡或刷洗。

2. 铬酸洗液

铬酸具有极强的氧化能力，具有极强的去污作用。对黏附在器壁上的无机污物、有机污物及油污都有很强的洗涤能力，且可以反复使用，直到红色逐渐变成暗绿色，等全部变成暗绿色，溶液已失效，这时可加入固体 $KMnO_4$ 使其再生。使用铬酸洗液时，被洗涤的器皿带水量应少，最好是干的。用铬酸洗液洗涤后的容器要用清水充分冲洗，以除去可能存在的铬离子。铬酸洗液尽量不用，长期使用会腐蚀玻璃，造成容量瓶等体积发生变化。

原理：铬酸洗液由重铬酸钾（或重铬酸钠）和浓硫酸配制而成，其清洁效力主要是由于混合液中存在具有强氧化性、脱水性和酸性的物质，其清洁效力主要决定于 CrO_3 的多少、H_2SO_4 的浓度，且与它们成正比。

$K_2Cr_2O_7 + H_2SO_4 = K_2SO_4 + 2CrO_3 \downarrow + H_2O$，其清洁效力来自以下 3 个方面。

（1）重铬酸钾（$K_2Cr_2O_7$）的强氧化性。

在酸性介质中，重铬酸钾（$K_2Cr_2O_7$）具有强烈的夺电子能力，被还原为（Cr^{3+}）盐，即

$Cr_2O_7^{2-} + 14H^+ + 6e = 2Cr^{3+} + 7H_2O$

利用这个性质，可将有机物氧化达到去污目的。

（2）CrO_3 的强氧化性。

CrO_3（铬酐）是 $K_2Cr_2O_7$ 和浓 H_2SO_4 作用时析出的橙红色晶体，遇热不稳定，超过熔点（440 K）逐步分解而放出氧，最后产物是 Cr_2O_3（绿色）。CrO_3（铬酐）是一种强氧化剂，也是铬酸洗液重要的去污成分。

$$4CrO_3 \xrightarrow{\triangle} 2Cr_2O_3 + 3O_2 \uparrow$$
$$2CrO_3 + 2C_2H_5OH = CH_3CHO + CH_3COOH + Cr_2O_3 + 2H_2O$$

（3）浓 H_2SO_4 的强氧化性、脱水性和强酸性。

浓 H_2SO_4 具有强氧化剂的作用，尤其是加热时，H_2SO_4 产生 SO_2、S 甚至 H_2S（氧化剂较少时）；并且浓 H_2SO_4 还具有强烈的脱水性（或吸水性），能破坏有机物的结构；此外，当浓硫酸被逐渐稀释时，又表现出强酸性（CrO_3 吸水所得的 $HCrO_4$ 也是强酸，酸度接近于硫酸），使一些溶于酸或与酸作用的物质被洗涤掉，达到清洁的目的。

铬酐越多，硫酸越浓，其清洁效力也就越强，铬酸洗液配制好后盖紧以防吸水，贴上标签，当洗液变绿色后则不宜使用。

肥皂水和铬酸洗液是实验室常用的清洗液，实验中如遇到特殊污染物，则需要专门的清洗液，具体配方见表1。

表1　常用洗涤液配方

洗涤液	配制方法
铬酸洗液	研细的重铬酸钾20 g溶于40 mL水中，慢慢加入360 mL浓硫酸
酸性洗液	（1+1）（1+2）或（1+9）的盐酸或硝酸（除去Hg、Pb等重金属杂质）
碱性洗液	10%氢氧化钠水溶液
氢氧化钠-乙醇（或异丙醇）洗液	120 g的NaOH溶于150 mL水，95%乙醇稀释至1 L
碱性高锰酸钾洗液	30 g/L的高锰酸钾溶液和1 mol/L的NaOH混合溶液
酸性草酸或酸性羟胺洗液	称取10 g草酸或1 g盐酸羟胺，溶于100 mL（1+4）盐酸溶液中
硝酸-氢氟酸洗液	50 mL氢氟酸、100 mL硝酸和350 mL水混合，储于塑料瓶中盖紧
碘-碘化钾溶液	1 g碘和2 g碘化钾溶于水中，用水稀释至100 mL
有机溶剂	乙醚、丙酮、二甲苯、二氯乙烷等
乙醇、浓硝酸	2 mL乙醇、4 mL浓硝酸加入要洗涤的容器内

实验二、材料的选择与处理

一、植物材料的选择与预处理

（一）植物材料的选择

在各种植物材料中，有效成分的含量一般都较少，只有万分之一、几十万分之一甚至百万分之一。而且，有效成分的稳定性也比较差，大多数对酸、碱、高温、重金属离子和高浓度有机溶剂等因子较敏感，易被破坏变性。因此，有效成分制备的成功与否，与选用的材料关系十分密切。选用的材料不同，有效成分的含量也不同，选用的材料即使相同，如果条件、部位或生长期不同，有效成分的含量也存在着差异。因此材料的选择十分重要，材料的选择需遵循以下原则：来源丰富、成本低；有效成分含量高、稳定性好；或者尽管有效成分含量低，但组成单一，易被浓缩、富集提取工艺简单；综合利用价值高等。在实际操作过程中，需根据具体情况，抓住主要矛盾，全面考虑，综合权衡，以决定取舍。因此在选择植物材料时，结合当地自然环境选择具有地方特色植株材料进行生物化学实验。

（二）植物材料的预处理

从田间采取的植物样品，或者从植株上采取的器官组织样品，在正式测定之前的一段时间里，正确妥善地保存和处理是很重要的，也关系测定结果的准确性。一般测定中，所取植株样品应该是生育正常无损伤的健康材料，取样的植物样品必须放入事先准备好的保湿容器中，以维持试样的水分状况与未取下之前基本一致。对于干旱研究的有关试材，应尽可能维持其原来的水分状况。

制备生物大分子，选择的材料应含量高、来源丰富、制备工艺简单、成本低，尽可能保持新鲜，尽快加工处理。实验的材料选定后，需及时使用，否则所需的有效成分将会部分甚至全部破坏，从而影响其回收率。如暂不提取，常常需要进行预处理以防止有效成分被破坏。对于植物叶片（如黑果枸杞、小麦、三叶草、黑麦草、苜蓿叶片）用柔软湿布擦净即可使用，或在 10 h 内置 4℃ 冰箱中贮藏备用；对于种子则需要泡胀、去壳或粉碎后才可使用。对于干样，需要先杀青处理（将鲜样置于 105℃ 烘箱烘 15 min，以终止样品中酶的活动），然后立即降低烘箱的温度，维持在 70~80℃，直到烘至恒重。烘干时应注意温度不可过高，否则会把样品烤焦，特别是含糖较多的样品（如阿克苏红富士苹果、红枣），更易在高温下焦化。为了更精密地分析，避免某些成分的损失（如蛋白质、维生素、糖等），在条件许可的情况下最好采用真空干燥法。

在测定植物材料中酶的活性或者某些成分（如维生素 C、DNA、RNA等）的含量时，需要新鲜样品。取样时注意保鲜，取样后立即进行待测组分提取；也可采用液氮中冷冻保存或冰冻真空干燥法得到干燥的制品。液氮速冻后的材料可以放入-70℃冰箱保存。新鲜材料的活性成分（如酶活性）测定时，样品的匀浆、研磨一定要在冰浴上或低温室内操作。

二、动物实验样品的选择、采集方法

（一）动物材料的选择

1.动物脏器的采取

选择有效成分含量高的南疆地方品种羊、兔子、鸡等动物脏器为原材料，而脏器中常含有较多的脂肪，易被氧化发生酸败，也会影响纯化操作和制品得率。因此，取得脏器之后需马上去除脂肪和筋皮等结缔组织，冲洗干净。若样品不马上进行提取纯化，应在最短的时间内骤冷（-45℃）后置于-10℃冰库（短期保存）或-70℃低温冰箱（数月保存）中贮存。

常用的脱脂方法有：人工剥离脏器外的脂肪组织；浸泡在脂溶性有机溶剂（如丙酮、乙醚等）中脱脂；快速加热（50℃左右）和快速冷却的方法脱脂；利用油脂分离器使油脂与水溶液分离等。对于像脑下垂体一类的小组织，可经丙酮脱水干燥后，制成丙酮粉贮存备用；对于含耐高温有效成分（如肝素）的材料，可经沸水蒸煮处理，烘干后长期保存。

2.动物血样的采集方法

血液是动物生化分析中十分重要的样品之一。血液中各成分的生化分析结果是了解机体代谢变化的重要指标，因此必须掌握正确的血液样品的采集及处理方法。

（1）采血前准备。

① 采血器具准备。采血器皿及样品容器都必须清洁，充分干燥和冷却后才能使用。抽取血液时，动作不宜太快，采出的血液要沿管壁慢慢注入盛血容器内。若用注射器取血时，采血后应先取下针头，再慢慢注入容器内。推动注射器时速度也不可太快，以免吹起气泡造成溶血。盛血的容器不能用力摇动，以免溶血。为防止疾病的产生和蔓延，必须做到一动物一针，或使用一次性消毒采血针头。

② 实验动物准备。采血应在禁食 12 h 后进行，这样可以将食物对血液各种成分浓度的影响减少到最低程度。血液中有些化学成分有明显的昼夜波动，如血浆皮质醇在早晨高而傍晚低，至午夜降到最低水平；血清铁也有类似的波动；有些成分在动物进食前后有所改变且进餐后血清容易出现浑浊，影响和干扰结果的

准确性，如血糖（GLU）、总胆固醇（TC）、碱性磷酸酶（ALP）等。

（2）对采血操作人员要求。

实验动物在出现兴奋、恐惧等状态时，某些生化指标会发生变化，影响实验结果的准确性。例如，实验操作过程中动作的简单粗暴，会使实验动物体内血液循环加快，糖消耗加快，使血糖结果偏低，因此要求实验操作人员对待实验动物必须要有爱心，动作要轻柔。

（3）采血部位的确定。

各种实验动物的采血部位和方法需视动物的种类、检验项目、实验方法及所需血量而定。一般较大动物（如马、牛、羊等）多由颈静脉采血；小动物（如兔）常由耳静脉采取，也可从颈静脉及心脏采血。犬由隐静脉，天竺鼠和大白鼠则由心脏采取，家禽由翼静脉、隐静脉及心脏采取。

（4）血液采集注意事项。

① 在采血时要避免溶血，溶血将造成成分混杂，引起测定误差。

② 动脉血和静脉血的化学成分略有差异，除血氧饱和度、二氧化碳分压等有明显不同以外，静脉血中乳酸的浓度比动脉血中的略高。

③ 整个试验期间，选择采取血液样品的时间必须一致。

（二）血清的制备

1. 什么是血清

血清是全血不加抗凝剂自然凝固后析出的淡黄清亮液体。其所含成分接近于组织间液，代表着机体内环境的物理化学性状，比全血更能反映机体的状态，是常用的血液样品。

2. 操作过程

将刚采集的血液直接注入试管，将试管倾斜放置，使血液形成一斜面。夏季于室温下放置，待血液凝固后，即有血清析出；冬季室温较低，不易析出血清，故需将血液置于37℃水浴或温箱中，促进血清析出。

也可将刚采集的血液注入洁净的离心管中，待血液凝固后，以钝头玻璃棒将血块与管壁轻轻剥离，2 000~2 500 r/min 离心 15 min 便有血清析出。析出的血清应及时用吸管吸出、备用，若不清亮或带有血细胞，应离心；制备好的血清，应及时进行实验测定，否则应加盖冷藏备用。

（三）全血及血浆的制备

若要用全血或血浆做样品，必须在血液凝固前用抗凝剂处理血液。

1. 抗凝剂种类

实验室常用的抗凝剂有如下几种，可根据情况选择使用。

（1）草酸钾（钠）。

此抗凝剂优点是溶解度大，可迅速与血中钙离子结合，形成不溶性草酸钙，使血液不凝固。每毫升血液用 1~2 mg 即可。

操作：配制 10% 草酸钾（钠）水溶液。吸取此液 0.1 mL，放入试管中，慢慢转动试管，使溶液尽量铺散在试管壁上，置 80℃烘箱烤干（若超过 150℃则分解），管壁即呈一薄层白色粉末，加塞备用，可抗凝血液 5 mL。此抗凝血常用于非蛋白氮等多种测定项目；不适用于钾、钙的测定；对乳酸脱氢酶、酸性磷酸酶和淀粉酶具有抑制作用，使用时应注意。

（2）草酸钾-氟化钠。

氟化钠是一种弱抗凝剂。但浓度 2 mg/mL 时能抑制血液内葡萄糖的分解，因此在测定血糖时常与草酸钾混合使用。

操作：草酸钾 6 g、氟化钠 3 g，溶于 100 mL 蒸馏水中。每个试管加入 0.25 mL，于 80℃烘干备用，每管可抗凝 5 mL 血液。此抗凝血，因氟化钠抑制脲酶，所以不能用于脲酶法的尿素氮测定，也不能用于淀粉酶及磷酸酶的测定。

（3）乙二胺四乙酸二钠盐（简称 EDTA-Na$_2$）。

EDTANa$_2$ 易与钙离子络合而使血液不凝，有效浓度为 0.8 mg 可抗凝 1 mL 血液。

操作：配成 4% EDTANa$_2$ 水溶液，每管装 0.1 mL，80℃烘干，可抗凝 5 mL 血液。此抗凝血液适用于多种生化分析，但不能用于血浆中含氮物质、钙及钠的测定。

（4）肝素。

最佳抗凝剂，主要抑制凝血酶原转变为凝血酶，从而抑制纤维蛋白原形成纤维蛋白而凝血。0.1~0.2 mg 或 20 U 可抗凝 1 mL 血液。

操作：配成 10 mg/mL 的水溶液。每管加 0.1 mL 于 37~56℃烘干，可抗凝 5~10 mL 血液（市售品为肝素钠溶液，每毫升含 12 500 U，相当于 100 mg，故每 125 U 相当于 1 mg）。

注意：抗凝剂用量不可过多，如草酸盐过多，将造成钨酸法制备血滤液时蛋白质沉淀不完全，测氮时加奈氏试剂后易产生浑浊等现象。

2. 全血的制备

全血是指抗凝的血液，即在血液取出后立即与适量的抗凝剂充分混合，以免血液凝固。抗凝剂预加于准备承接血液的容器中，抗凝剂的种类可以根据实验的需要进行选择。将刚采取的血液注入预先加有适合要求的抗凝剂试管中，轻轻摇动，使抗凝剂完全溶解并分布于血液中。

3. 血浆的制备

血浆是指抗凝血浆。游离血红蛋白、变性血红蛋白、纤维蛋白原的测定须用血浆。将已抗凝的全血放置一段时间或于 2 000 r/min 离心 10 min，沉降血细胞，上层清液即为血浆。分离较好的血浆应为淡黄色。为避免产生溶血，必须采用干燥清洁的采血器具和容器，尽量少振荡。血浆比血清分离得快而且量多。两者的差别，主要是血浆比血清多含一种纤维蛋白原，其他成分基本相同。

4. 血液的量取

已制备好的抗凝血液放置后红细胞将自然下沉，往往造成量取全血时的误差。因此量取全血时，血液必须充分混合，以保证血细胞和血浆分布均匀。其操作如下。

（1）血液混匀法。

若血液装在试管中，可用玻璃塞或洁净干燥的橡皮塞，塞严管口。缓慢上下颠倒数次，使血细胞、血浆均匀混合。颠倒时不可用力过猛，以免溶血。也可用一弯成脚形的小玻璃棒插入管内，上下移动若干次，使完全混匀。血液混匀后应立即量取，且每次量取前都必须重复此操作。

（2）准确量取法。

用吸管量取血液时，要将已充分混匀的血液吸至需要量取血液容量的稍上方处，用滤纸片擦净吸管外壁黏着的血液，而后使血液慢慢流至刻度，放出多余血液。再次擦净管尖血液。然后运用食指压力控制流出速度，慢慢把血液放入容器内，将最后一滴吹入容器内（若是不用吹的吸管，则将管尖贴在接受容器的壁上转动几秒钟，使液体尽量流出即可）。血液流出后，管壁应清明而看不到血液薄层附着。

（四）无蛋白血滤液的制备

测定血液或其他体液的化学成分时，样品内蛋白质的存在常常干扰测定。因此，需要先做成无蛋白血滤液再行测定。无蛋白血滤液制备的基本原理是以蛋白质沉淀剂沉淀蛋白，用过滤法或离心法除去沉淀的蛋白。常用的方法如下。

1. 福林-吴宪（Folin-Wu）氏法（钨酸法）

（1）原理。

钨酸钠与硫酸混合，生成钨酸，反应式：$Na_2WO_4+H_2SO_4 \rightarrow H_2WO_4+Na_2SO_4$。

血液中蛋白质在 pH 值小于等电点的溶液中可被钨酸沉淀。沉淀液过滤或离心，上清液即为无色而透明、pH 值约等于 6 的无蛋白滤液。可供非蛋白氮、血糖、氨基酸、尿素、尿酸及氯化物等项测定使用。

（2）试剂。

① 10%钨酸钠：称取钨酸钠（$Na_2WO_4 \cdot 2H_2O$）100 g 溶于少量蒸馏水，最后加蒸馏水至 1 000 mL。此液以 1%酚酞为指示剂试之应为中性（无色）或微碱性（呈粉红色）。

② 0.33 mol/L 硫酸溶液。

（3）操作。

① 取 50 mL 锥形瓶或大试管 1 支；

② 吸取充分混匀之抗凝血 1 份，擦净管外血液，缓慢放入锥形瓶或试管底部；

③ 准确加入蒸馏水 7 份，混匀，使完全溶血；

④ 加入 0.33 mol/L 硫酸溶液 1 份，随加随摇；

⑤ 加入 10%钨酸钠 1 份，随加随摇；

⑥ 放置约 5 min 后（注：沉淀变为暗棕色，如不变色可再加 0.33 mol/L 硫酸溶液 1~2 滴），如振摇亦不再发生泡沫，说明蛋白质已完全变性沉淀。用定量滤纸过滤或离心（2 500 r/min，10 min），即得完全澄清无色的无蛋白血滤液。

制备血浆或血清的无蛋白血滤液与上述方法相似。不同点是加水 8 份，而钨酸钠和硫酸各加 1/2 份。

2. 黑登（lladen）改良法

取血液 1 份加入锥形瓶或大试管中，加入 8 份 0.042 mol/L 硫酸溶液，此时血细胞迅速破裂，颜色变黑（若反应进行较慢，可振摇容器以加速反应进行），再加入 10%钨酸钠 1 份，摇匀，过滤或离心即可。以此方法准备无蛋白滤液优点是产生的滤液较多。

用上述任何方法制得的血滤液，都是将原来样品稀释 10 倍（1∶10）。所以 1 mL 无蛋白血滤液相当于 0.1 mL 的全血、血浆或血清。

3. 氢氧化锌法

（1）原理。

血液中蛋白质在 pH 值大于等电点的溶液中可用 Zn^{2+} 来沉淀。生成的氢氧化锌本身为胶体，可将血中葡萄糖以外的许多还原性物质吸附而沉淀。所以，此法所得滤液最适作血液葡萄糖的测定。

（2）试剂。

① 10%硫酸锌溶液：称取硫酸锌（$ZnSO_4 \cdot 7H_2O$）10 g 溶于蒸馏水并定容至 100 mL。

② 0.5 mol/L 氢氧化钠溶液。

（3）操作。

① 取干燥洁净 50 mL 锥形瓶或大试管 1 支，准确加入 7 份水。

② 准确加入混匀的抗凝血 1 份，摇匀。

③ 加入 10%硫酸锌溶液 1 份，摇匀。

④ 慢慢加入 0.5 mol/L 氢氧化钠溶液 1 份，边加边摇。放置 5 min，用定量滤纸过滤或离心（2 500 r/min，10 min），得清明透亮的滤液，此滤液稀释 10 倍。

4. 三氯醋酸法

（1）原理。

三氯醋酸能使蛋白质变性而沉淀。

（2）试剂。

10%三氯醋酸溶液。

（3）操作。

取10%三氯醋酸9份置于锥形瓶或大试管中，加1份已充分混匀的抗凝血液。加时要不断摇动，使其均匀，静置5 min，过滤或2 500 r/min离心10 min，即得10倍稀释的清明透亮滤液。

三、常用实验样品的处理

（一）细胞破碎方法

多数生化成分都存在于细胞内，或游离在细胞质中，或与细胞器紧密结合（如氧化还原酶），或分布在细胞核（如DNA）中。这些胞内生化成分在进行提取时，必须先把细胞破碎，做成组织匀浆后才能进行分离和提取。所以在生化实验中，破碎组织细胞使细胞内容物悬浮于缓冲液中形成混悬液是重要的操作之一。

不同的生物体或同一生物体的不同部位的组织，其细胞破碎的难易不一。一般动物细胞的细胞膜较脆弱易破损，经常在组织搅碎或提取时就被破坏，而植物和微生物细胞的细胞壁较牢固，在提取前需要进行专门的细胞破碎操作。常用的生物样品破碎方法有以下几种。

1. 研磨法

将剪碎的生物材料直接置于研钵中，用研棒研碎。通常在研磨时加入一定量的石英砂，以提高研磨效果，这时需要注意石英砂对有效成分的吸附作用。用匀浆器处理也能破碎动物细胞，该方法较温和，适合实验室用。如果要进行大规模生产，则可采用电动研磨法。此法多用于肝脏、植物叶片等柔软组织。

制作组织匀浆需要在低温下快速进行。组织器官离体后就应放置于冰冷溶液中处理，匀浆时，匀浆器相互摩擦而产生高热，易使酶变性，所以在匀浆器轴的中空部要放入冰盐溶液，匀浆器外套管也应用冰盐溶液冷却。

2. 组织捣碎器法

这是一种用组织捣碎机（即高速分散器，转速8 000~10 000 r/min）处理30~45 s就可将植物和动物细胞完全破碎的方法。该法的优点是快速，但应注意由于瞬间高温可能会引起蛋白质的变性，多用于心脏等坚实组织。操作时亦可先用组织捣碎机捣成粗组织糜，而后再用玻璃匀浆器磨碎。该方法是一种剧烈的细胞破碎法，捣碎期间需保持低温，并且时间不能太长。破碎微生物细胞时，需要加入石英砂才更有效。

3. 反复冻融法

将待破碎的细胞冷至 −20 ~ −15℃，然后放于室温（或 40℃）迅速融化，如此反复多次，由于细胞内形成冰粒使剩余胞液的盐浓度增高而引起细胞溶胀破碎。此法多适用于对温度不敏感的有效成分测定，如红细胞的破碎。

4. 超声波法

此法是借助超声波的振动力破碎细胞壁和细胞器，破碎时间一般为 3 ~ 15 min。破碎微生物细菌和酵母菌时，时间要长一些，在细胞悬浮液中加入石英砂则可缩短处理时间。

5. 有机溶剂处理法

利用氯仿、甲苯、丙酮等脂溶性溶剂或 SDS（十二烷基硫酸钠）等表面活性剂处理细胞，可将细胞膜溶解，从而使细胞破裂，使细胞释放出各种酶类等物质，此法也可以与研磨法联合使用。

6. 生物酶解法

许多生物酶（如纤维素酶、溶菌酶、蜗牛酶等）都具有专一性降解细菌细胞壁的作用。用这种方法处理细菌细胞时，先是使细胞壁破坏，然后由渗透压差引起细胞膜破裂，最后导致整个细胞完全破碎。例如，从细菌细胞中提取质粒 DNA 时，有很多方法都采用了加溶菌酶破碎细胞壁的步骤。

（二）生物大分子抽提

抽提是在分离纯化之前将经过预处理或破碎的细胞置于溶剂中，使被分离的生物大分子充分地释放到溶剂中，并尽可能保持原来的天然状态、保持其生物活性的过程。抽提效果的好坏，关键在于溶剂的选择。选择溶剂的原则是：所选用溶剂中目的产物溶解度大，又可保持其生物活性，多数杂蛋白变性沉淀。蛋白质和酶可以采用稀盐溶液、缓冲液、稀酸或稀碱、有机溶剂等抽提。

1. 稀盐溶液

离子强度对生物大分子的溶解度有极大的影响，绝大多数蛋白质和酶，在低离子强度的溶液中都有较大的溶解度，如在纯水中加入少量中性盐，蛋白质的溶解度比在纯水时大大增加，称为"盐溶"现象。盐溶现象的产生主要是少量离子的活动，减少了偶极分子之间极性基团的静电吸引力，增加了溶质和溶剂分子间相互作用力的结果。

2. 稀酸或稀碱

蛋白质、酶的溶解度和稳定性与 pH 值有关，在酸碱环境中蛋白质或酶的溶解度增加，但过酸、过碱都容易引起蛋白质变性失活。一般提取溶剂的 pH 值应在蛋白质和酶的稳定范围内，常常将 pH 值控制在 6~8，在偏离等电点的两侧。

3. 有机溶剂

一些与脂类结合比较牢固或分子中非极性侧链较多的蛋白质和酶难溶于水、稀盐、稀酸或稀碱中，常用不同比例的有机溶剂提取。常用的有机溶剂有乙醇、丙酮、异丙醇、正丁酮等，这些溶剂可以与水互溶或部分互溶，同时具有亲水性和亲脂性。有些蛋白质和酶既溶于稀酸、稀碱，又能溶于含有一定比例的有机溶剂的水溶液中，在这种情况下，采用稀的有机溶液提取常常可以防止水解酶的破坏，并兼有除去杂质提高纯化效果的作用。提取时为防止蛋白质和核酸变性或降解，需要注意以下几点：一般在 0~5℃ 的低温操作；可以加入降解酶的抑制剂；搅拌时要温和，速度太快容易产生大量泡沫，增大了与空气的接触面，会引起酶等物质的变性失活。

（三）生物大分子分离纯化

由于生物体的组成成分非常复杂，数千种乃至上万种生物分子处于同一体系中，因此不可能有一个适合于各类分子的固定分离程序，但多数分离工作关键部分的基本手段是相同的。常用的分离纯化方法有：沉淀法、离心、透析、超滤、减压浓缩冷冻干燥、吸附层析、凝胶过滤层析、离子交换层析、亲和层析以及等电聚焦制备电泳等。

沉淀、离心和层次技术本书均有讲述，在这里将主要讲常用的透析、超滤和减压浓缩冷冻干燥法。

1. 透析

透析是利用蛋白质等生物大分子不能透过半透膜而进行纯化的一种方法。方法是将含盐的生物大分子溶液装入透析袋内。并将袋口扎好放入装有蒸馏水的大容器中，用搅拌方法使蒸馏水不断流动，经过一段时间后，透析袋内除大分子外，小分子盐类透过半透膜进入蒸馏水中，使膜内外盐浓度达到平衡（图2）。

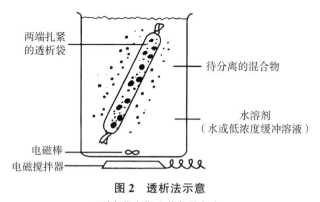

图 2　透析法示意

（引自董晓燕 生物化学实验）

在透析过程中更换几次大容器中的液体，可以达到使透析袋内的溶液脱盐的目的。脱盐透析是应用最广泛的一种透析方法。平衡透析也是常用的透析方法之一，方法是将装有生物大分子的透析袋装入盛有一定浓度的盐溶液或缓冲液的大容器中，经过透析，袋内外的盐浓度（或缓冲液 pH 值）一致，从而有控制地改变被透析溶液的盐浓度（或 pH 值）。

如将透析袋放入高浓度吸水性强的多聚物溶液中，透析袋内溶液中的水便迅速被袋外多聚物所吸收，从而达到袋内液体浓缩的目的。这种方法称为反透析。可用做反透析的多聚物有聚乙二醇、聚乙烯吡咯烷酮（Polyvinyl pyrrolidone，PVP）、右旋糖、蔗糖等。透析用的半透膜很多，都是由纤维或纤维素衍生物制成，如玻璃纸、棉胶、动物膜、皮纸等都可用来制作半透膜，可以自制（如火棉胶等），也可购买。

2. 超滤法

超滤法是通过在溶液表面施加一定的压力，并通过一种特别的薄膜对溶液中各种溶质分子进行选择性过滤的一种纯化方法。超滤法是近年来发展起来的一种新方法，最适合于生物大分子（如蛋白质和酶等）的浓缩和脱盐。超滤现已成为一种重要的生化实验技术。超过滤原理是利用具有一定大小孔径的微孔滤膜，对生物大分子溶液进行过滤（常压、加压或减压），使大分子保留在超滤膜上面的溶液中，小分子物质及水过滤出去，从而达到脱盐或浓缩的目的。这种利用超滤膜过滤分离大分子和小分子物质的方法称为超滤法（图3）。

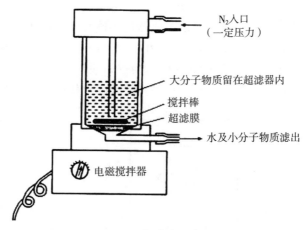

N₂入口
（一定压力）

大分子物质留在超滤器内

搅拌棒
超滤膜

水及小分子物质滤出

电磁搅拌器

图 3 超滤法示意

（引自胡兰 动物生物化学实验教程）

超过滤技术的关键是膜。常用的膜是由乙酸纤维、硝酸纤维或此二者的混合物制成。近年来发展了非纤维型的各向异性膜，例如聚砜膜、聚砜酰胺膜和聚丙烯腈膜等。这种膜在 pH 值为 1~14 都是稳定的，且能在 90℃ 下正常工作。超滤膜通常是比较稳定的，能连续用 1~2 年。超滤膜的基本性能指标主要有：水通量、截留率和化学物理稳定性等。

利用超滤膜制成空心的纤维管，将很多根这样的管拢成一束，管的两端与低离子强度的缓冲液相连，使缓冲液不断地在管中流动，然后将其浸入待透析的溶液中。当缓冲液流过纤维管时，则小分子易通过膜而扩散，大分子则不能。这种方法称为纤维过滤透析法。由于其透析的有效表面积增大，因此能使透析的时间缩短将近 10 倍。

超过滤技术的优点是操作简便，成本低廉，不需增加任何化学试剂，尤其是超过滤技术的实验条件温和，与蒸发、冰冻干燥相比没有相关变化，而且不引起温度、pH 值的变化，因而可以防止生物大分子的变性、失活和自溶。超过滤法也有一定的局限性，它不能直接得到干粉制剂。由于超滤法处理的液体多数是含有水溶性生物大分子、有机胶体、多糖及微生物等，这些物质极易黏附和沉积于膜表面上，造成严重的浓差极化和堵塞，因此所使用的超滤系统应避免极化，可通过加大液体流量，加强湍流和加强搅拌等减少极化。

3. 减压浓缩冷冻干燥

因为生物大分子通常遇热不稳定，极易变性，浓缩和干燥生物大分子不能用加热蒸发的方法。因此减压浓缩和冷冻干燥已成为生物大分子制备过程常用的浓缩干燥技术。低压冻干法是使蛋白质溶液在圆底烧瓶的瓶壁上冷冻，同时在真空中让液体升华，以得到冻干的样品。

通过冷冻干燥所得的产品能够保持生物大分子物质的天然性质，还具有疏松、易于溶解的特性，便于保存和应用。冷冻干燥特别适用于对热敏感、易吸湿、易氧化及易起泡而引起变性失活的生物大分子，如蛋白质、核酸、酶、抗生素和激素等。

实验三、醋酸纤维薄膜电泳法分离血清蛋白质

电泳是指带电颗粒在电场的作用下，向着与其电性相反电极移动的现象。许多生物分子都带有电荷，其所带电荷的多少取决于分子结构及所在介质的 pH 值和组成。在同一电场作用下，混合物中各组分的泳动方向和速率不同，经过一定的时间可达到组分分离的目的。作为带电颗粒，可以是小的离子，也可以是生物大分子。例如，血清蛋白质具有两性解离性质，当血清蛋白质溶液的 pH 值>pI 时，该蛋白质带负电荷，在电场中向正极移动。

一、影响电泳迁移率的因素

当把一个带静电荷（Q）的颗粒放入电场时，颗粒便受一个推动力（F）的作用。F 的大小取决于颗粒所带的静电荷量和它所处的电场强度（E）的大小。在 F 的作用下，如果在真空状态下，带电颗粒迅速向电极移动。带电颗粒在单位电场中泳动的速度，常用迁移率（m）表示，则：

$$m = \frac{Q}{6\pi \cdot \lambda \cdot \eta}$$

式中：λ——颗粒半径；η——介质黏度；Q——电泳离子的静电荷。

由上式可以看出，影响泳动速度的因素有：颗粒性质、电场强度和溶液性质等。

（一）颗粒性质

主要指颗粒的带电量、直径及形状对泳动速度的影响。一般来讲，颗粒带静电荷量越多，直径越小，形状越接近球形，在电场中的泳动速度就越快；反之泳动越慢。

（二）电场强度

电场强度也称电位梯度或电势梯度，以每厘米的电势差表示。例如进行电泳时，在两电极端相距 20 cm 处测得电压（电势差）为 200 V，则电场强度为 200/20＝10 V/cm。电场强度越高，带电颗粒的泳动速度越快；反之越慢。根据电场强度大小，可把电泳分为常压电泳或普通电泳（2~10 V/cm）和高压电泳（70~200 V/cm）。常压电泳一般用于分离蛋白质等大分子化合物，其所用时间较长。高压电泳多用于分离氨基酸、多肽、核苷酸、糖类等，所用的分离时间较短。电泳时电压增加，相应电流也增大，易产生热效应，会使生物活性物质变性而不能分离，高压电泳仪设计时必须考虑冷却装置。

（三）溶液性质

主要指电极溶液和样品溶液的 pH 值、离子强度和黏度等。

1. pH 值

溶液 pH 值决定带电颗粒的解离程度，即决定颗粒所带电荷的静电荷量。对蛋白质和氨基酸而言，溶液的 pH 值离其等电点越远，其所带静电荷量就越大，则泳动速度就越快；反之越慢。因此，选择适宜的缓冲液 pH 值是很重要的，既要使被分离物质的电荷量差异较大，又不致使其变性，以利于各种成分的分离分析。

2. 离子强度

电泳时，溶液的离子强度一般在 0.02~0.2 mol/L 较适宜。过高的离子强度，可降低颗粒的泳动速度。其原因是静电引力的作用使带电颗粒能把溶液中与其电荷相反的离子吸引在自己周围而形成离子扩散层，且扩散层与颗粒移动方向相反，从而导致颗粒泳动速度降低；若离子强度过低，则不能对由于电泳过程引起的溶液 pH 值的变化起到有效的缓冲作用，也会影响颗粒的泳动速度。

3. 溶液的黏度

泳动速度与溶液黏度成反比例关系：黏度大，泳动速度低。电泳时一般要求黏度较小的溶液。

（四）电渗现象

液体在电场中相对于一个固体支持物的相对移动，称为电渗。一般的电泳支持物并不是绝对的惰性物质，而是会有一些离子基团。如果固体支持物本身带有负电荷，如羧基、磺酸基、羟基等，它们会吸附溶液中的正离子，使靠近支持物的溶液相对带正电荷。在电场中，这部分溶液会向负极移动，如果所分离的物质颗粒带正电荷，就会在这部分溶液带动下，向负极移动的速度加快。相反，如果物质颗粒带负电荷，这部分溶液将会阻滞物质颗粒向正极移动，使颗粒的泳动速度降低。例如在纸电泳中，滤纸中含有表面带负电荷的羟基，因感应相吸而使与纸接触的水溶液带正电荷，在电场中液体向负极移动，并带动物质移动，会对向正极移动的电泳颗粒造成阻碍作用（图 4）。因此，应尽量避免使用具有电渗作用的物质作为支持物。

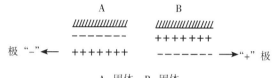

A. 固体　B. 固体

图 4　电渗示意

（引自王宪泽 生物化学实验技术原理和方法）

（五）焦耳热

在电泳过程中，释放出的热量与电流强度的平方成正比。当电场强度或电极缓冲液中离子强度增高时，电流强度会随之增大，产生的热量若不能及时排出，严重时会使纤维膜烧断，琼脂糖凝胶融化塌陷。同时也降低了分辨率，在某些情况下，就需要在低温条件下进行电泳。

（六）筛孔

在以琼脂或聚丙烯酰胺凝胶作为支持物时，它们可以有大小不等的筛孔，筛孔大小对分离生物大分子的电泳迁移速率有明显影响。在筛孔大的凝胶中，溶质颗粒泳动速度快；反之，泳动速度慢。因此，不同的样品，应选择与之相适应的凝胶筛孔。

二、几种常用的电泳

电泳种类繁多，按其支持物的物理形状可分为 4 类：①纤维薄膜电泳，以玻璃纤维、醋酸纤维、聚氯乙烯纤维作为支持物；②凝胶电泳，以聚丙烯酰胺凝胶、琼脂凝胶、淀粉凝胶为支持物；③粉末电泳，以纤维素粉、淀粉、玻璃粉作为支持物；④线丝电泳，以尼龙丝、人造丝等作为支持物。

（一）醋酸纤维素薄膜电泳

它以醋酸纤维素薄膜为支持物。这种支持物是纤维素的醋酸酯，由纤维素的羟基经乙酰化而成。它溶于丙酮等有机溶液中，可涂布成均一细密的微孔薄膜，厚度以 0.1~0.15 mm 为宜。太厚吸水性差，分离效果不好；太薄则膜片缺少应用的机械强度，易碎。由于醋酸纤维素薄膜吸水量较低，因此必须在密闭的容器中进行电泳，并使用较低电流避免蒸发。醋酸纤维素薄膜电泳作为电泳支持体有以下优点：电泳后区带界限清晰；通电时间较短；对各种蛋白质吸收少，因此无拖尾现象；对染料也没有吸附，因此无样品处均能洗掉。

（二）聚丙烯酰胺凝胶电泳

聚丙烯酰胺凝胶电泳（PAGE）是以人工合成的聚丙烯酰胺凝胶作为支持物的一种电泳方法。聚丙烯酰胺（Polyacrylamide）凝胶是由单体丙烯酰胺（Acr）和交联剂（双体）甲叉双丙烯酰胺（Bis），在加速剂和催化剂作用下聚合交联成三维网状结构的凝胶。

1. 丙烯酰胺的聚合

丙烯酰胺聚合时，常用的催化系统有化学法和光学法两种。

（1）化学聚合。

常用的催化系统有 3 种：①过硫酸铵-四甲基乙二胺（TEMED）；②过硫酸铵-二甲基氨基丙腈（DMPN）；③过硫酸铵-三乙醇胺。这 3 种系统为氧化还原体系，其中过硫酸铵产生游离氧原子，使单体成为具有游离基状态，从而发生聚合。TEMED、DMPN、三乙醇胺的作用是催化剂。以过硫酸铵-四甲基乙二胺举例，当 Acr、Bis 和 TEMED 的水溶液中加入过硫酸铵（Ammonium Persulfate，

AP）时，过硫酸铵立刻产生自由基（$S_2O_8^{2-} \rightarrow 2SO_4^{-}$），单体与自由基作用随即"活化"。活化的单体彼此连接形成多聚体长链。化学聚合的优点是孔径较小，常用于制备电泳过程中的分离胶，而且重复性和透明度好。

（2）光聚合。

光聚合过程是一个光激发的催化反应过程。催化剂是核黄素，核黄素经氧及紫外线照射后引发自由基，其作用同上述的过硫酸铵一样。通常把反应混合液置于一般日光灯旁，反应即可发生。光聚合形成的凝胶呈乳白色，透明度较差。用核黄素催化剂的优点是用量极少，对分析样品无任何不良影响，聚合时间可以通过改变光照时间和强度来加以控制。光聚合形成的凝胶孔径较大，且不稳定，适于制备大孔径的浓缩胶。

2. 凝胶孔径的形成

不同的样品物质在进行电泳时，需要选择与之相应的凝胶网孔，聚丙烯酰胺凝胶可以通过调节单体与交联剂的比例，来调节其网孔大小。凝胶网孔孔径大小取决于凝胶浓度（T）和交联度（C）。

$$T = \frac{a+b}{v} \times 100\% \qquad C = \frac{b}{a+b} \times 100\%$$

式中：a、b——分别是单体和双体的重量（g）；

$\qquad v$——溶液的体积（mL）。

通常随着凝胶浓度的增加，凝胶的筛孔、透明度和弹性将会降低，机械强度却增加，a 与 b 的比值（W/W）也会对这些性质产生明显影响。当 $a/b < 10$ 时，凝胶脆而易碎，坚硬呈乳白色；$a/b > 100$ 时，即使 5% 的凝胶也成糊状，易于断裂。

总之，凝胶浓度不同，其交联度是不同的。交联度随着总浓度（T）的增加而降低。当总浓度一定，交联度增加时，将导致筛孔直径降低。实践中根据分离物质的相对分子质量来选择适宜的凝胶浓度，可参考表 2。分离蛋白质时也可选用 7.5% 的凝胶（标准胶），因为生物体内大多数蛋白质在此范围内电泳均可取得较满意的结果。

表 2　相对分子质量范围与凝胶浓度关系参考表

样品	相对分子质量范围	适宜的凝胶浓度（%）
	$< 10^4$	$15 \sim 25$
核酸	$10^4 \sim 10^5$	$5 \sim 10$
	$10^5 \sim 2 \times 10^6$	$2 \sim 2.5$
	$< 10^4$	$20 \sim 30$
	$1 \times 10^4 \sim 4 \times 10^4$	$15 \sim 20$
蛋白质	$4 \times 10^4 \sim 1 \times 10^5$	$10 \sim 15$
	$1 \times 10^5 \sim 5 \times 10^5$	$5 \sim 10$
	$> 5 \times 10^5$	$2 \sim 5$

3. 不连续 PAGE

（1）不连续 PAGE 分离原理。不连续 PAGE 系统中凝胶孔径、pH 值、缓冲液三者都是不连续的，这种不连续的电泳除了具有分子筛效应和电荷效应以外，还具有对样品的浓缩效应，因此有很高的分辨率。现将 3 种效应的原理叙述如下。

① 样品的浓缩效应由于电泳基质的 4 个不连续性，使样品在电泳开始时得以浓缩，然后再被分离。

a. 凝胶层的不连续性：凝胶系统由浓缩胶和分离胶两层不同的凝胶组成。浓缩胶凝胶浓度较低，为大孔凝胶，样品在其中浓缩，并按迁移率递减的顺序逐渐在其与分离胶的界面上积聚成薄层。分离胶凝胶浓度较高，为小孔胶，样品在其中进行电泳和分子筛分离。被分离的粒子在大孔凝胶中受到的阻力小，移动速度快，进入小孔凝胶时遇到的阻力大，速度就减慢，在大孔与小孔凝胶的界面处就会使样品浓缩。

b. 缓冲液离子成分的不连续性：在电场中如有两种电荷符号相同的离子向同一方向泳动，其迁移率不同，两种离子若能形成界面，则走在前面的离子称为快离子（又称前导离子），走在后面的离子称为慢离子（又称尾随离子）。为使样品达到浓缩的目的，需在电泳缓冲系统中加入有效迁移率大小不相同的两种离子，并使这两种离子在缓冲系统中组成不连续的两相。即在两层凝胶中加入前导离子，在电极缓冲液中加入尾随离子。为了保持溶液的电中性及一定的 pH 值，需加入一种与前导、尾随离子符号相反的离子，称为缓冲配对离子，使缓冲配对离子分布于全部电泳缓冲系统（即分离胶、浓缩胶和样品胶及电极缓冲液）中。例如分离蛋白质样品时，通常用氯根离子（Cl^-）为前导离子，甘氨酸根负离子（$NH_2CH_2COO^-$）为尾随离子，采用三羟甲基氨基甲烷（简称 Tris）作为缓冲配对离子。它们的有效迁移率按下列次序排列：$M_{aCl^-} > M_{a蛋} > M_{a甘}$。样品若是有颜色的，可以看到样品在界面处浓缩成极窄的区带。当样品达到浓缩胶与分离胶界面处，离子界面继续前进，蛋白质被留在后面，然后分成多个区带。

c. 电位梯度的不连续性：在不连续系统中，电位梯度的差异是自动形成的。电泳开始后，由于前导离子的迁移率最大，就会很快超过蛋白质，因此在前导离子的后边形成离子浓度低的区域即低电导区。电导与电位梯度成反比。所以低电导区就有了较高的电位梯度。这种高电位梯度使蛋白质和尾随离子在前导离子后面加速移动。当前导离子、尾随离子与蛋白质迁移率和电位梯度的乘积彼此相等时，则 3 种离子移动速度相同。在前导离子和尾随离子的移动速度相等的稳定状态建立之后，则在前导离子和尾随离子之间形成一个稳定而又不断向阳极移动的界面，即在高电位梯度区和低电位梯度区之间形成一个迅速移动的界面（图 5）。由于蛋白质样品的有效迁移率恰好介于前导、尾随离子之间，因此也就聚集在这个移动的界面附近，被浓缩形成一个狭小的中间层。

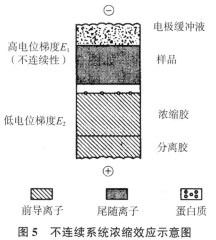

图5　不连续系统浓缩效应示意图
（引自蒋立科和杨婉身主编 现代生物化学实验技术）

d. pH 值的不连续性：在浓缩胶与分离胶之间有 pH 值的不连续性，这是为了控制尾随离子的解离度，从而控制其有效迁移率。要求在样品胶和浓缩胶中，慢离子较所有被分离样品的有效迁移率低，以使样品夹在前导、尾随离子界面之间，使样品浓缩。而在分离胶中尾随离子的有效迁移率比所有样品的有效迁移率高，使样品不再受离子界面的影响。

② 电荷效应样品混合物在凝胶界面处被高度浓缩，堆积成层，形成一狭小的高浓度的样品区，但由于每种组分分子所载有效电荷不同，因而迁移率不同。承载有效电荷多的粒子，则脉动得快，反之则慢。因此各种蛋白质就以一定的顺序排列成条带。在进入分离胶中时，此种电荷效应仍起作用。

③ 分子筛效应：当夹在快离子和慢离子中间的蛋白质由浓缩胶进入分离胶时，pH 值和凝胶孔径突然改变。这就使慢离子的解离程度增大，有效脉动率相应增大，超过所有的蛋白质分子，最终赶在蛋白质分子的前面，同时高电场强度消失。于是，蛋白质样品就在均一的电场强度和 pH 值条件下通过了一定孔径的分离胶。当蛋白质的相对分子质量或构型不同时，通过分离胶所受到的摩擦力和阻滞程度不同，所表现出的泳动率也不同。即使蛋白质分子的静电荷相似，也会在分离胶中被分离开，这就是分子筛效应。

（2）不连续聚丙烯酰胺凝胶电泳的操作。

① 制备凝胶：准备好制备凝胶的装置，如果是圆盘电泳，则把玻璃管的一端插在专用的底座上；如果是平板电泳，则将两块玻璃板放在胶条中，再安放在

电泳槽上，用1%琼脂封住两玻璃板的下口。按比例配好分离胶溶液，加入加速剂后抽真空，向抽真空的溶液中再加入引发剂，迅速把分离胶溶液加入管子内或两玻璃板之间，不能有气泡，高度为玻璃管或玻璃板的2/3左右。用注射器小心地在胶液的表面上覆盖一层蒸馏水，使胶形成一个水平的表面，并与空气隔绝，有利于凝胶的聚合。凝胶形成后，可看到一个清晰的界面，用滤纸吸去覆盖的水层。在分离胶上加浓缩胶后，如果是平板电泳，插进梳子，待凝胶聚合后再拔出梳子即形成点样孔；如果是盘状电泳，则在浓缩胶面小心地覆盖一层蒸馏水，待凝胶聚合后用滤纸吸去覆盖的水层。

② 加样：将样品与浓缩胶混合做成样品胶，或将样品与甘油或40%等体积混合，直接加在浓缩胶面上。

③ 电泳：电泳管或电泳板各段胶做好后，把玻璃管或玻璃板插入电泳槽中。安装好后，上、下槽都加入电极缓冲液，在上槽中加一滴0.05%溴酚蓝染料作电泳前沿标记，接好电极，通电，等染料走到离底部1 cm处时，关闭电源，取下玻璃管或玻璃板。

④ 样品固定与染色：如果是分离蛋白质，胶取出后用含0.5%氨基黑的7%醋酸溶液固定染色，用水冲洗，再放在7%醋酸中脱去背景色，直至色带清晰为止。亦可用考马斯亮蓝（G250或R250）、1-苯胺基-8-萘磺酸染色或银染法染色。

4. 主要特点

聚丙烯酰胺凝胶电泳具有以下主要特点。

（1）聚丙烯酰胺凝胶是人工合成的多聚体。调节其单体和交联剂的比例，就能得到不同孔径的凝胶物质，且重复性好。因此，具有广泛的适应性。

（2）其骨架是由-C-C-C-C……连接而成，侧链不带电，无电渗作用。

（3）具有耐处理性，其机械强度大，弹性好，不易损坏。

（4）具有设备简单、用样少（1~100 μg）、分辨率高的优点。

目前，此法已成为分离蛋白质和核酸等大分子物质的重要工具之一。

（三）等电聚焦电泳

等电点聚焦（Isoelectrofocusing，IEF）是1966年由瑞典科学家Rible和Vesterberg建立的一种高分辨率的蛋白质分离技术。该技术不仅适用于分离分析，而且也适用于分离制备，尤其是同工酶和激素的制备。

1. 基本原理

等电聚焦电泳是在一定抗对流介质（聚丙烯酰胺凝胶或琼脂糖凝胶或葡聚糖凝胶）中放入载体两性电解质，当通以直流电时，两性电解质即形成一个由阳极到阴极pH值逐步上升的梯度，两性化合物在此电泳过程中，就被浓缩在与其等电点相同的pH值区域，从而使不同化合物能按其各自等电点得到分离。

2. 主要仪器设备和操作方法

（1）主要仪器设备。稳压稳流电泳仪，圆盘电泳槽或水平式超薄型（0.5 mm）电泳槽，pH 值计，凝胶玻璃管或玻璃板，冷却装置，塑料间隔模板，水平气泡，微量注射器及针头。

（2）操作要点。安装好电泳槽、冷却装置及灌胶装置；配制凝胶和灌胶（不能有气泡）；加样（加样体积因凝胶厚度及样品浓度而异）；电泳，聚焦至电流接近零时停止；采用浸泡法、表面微电极测定法或已知等电点标准蛋白质测定法确定 pH 值梯度，并制作 pH 值梯度标准曲线；固定，染色，脱色，保存。

3. 优缺点及管件问题

等电聚焦的分辨率高，且有浓缩效应。此法操作容易，设备简单，花时间少，所以在蛋白质的等电点测定、纯度分析以及制备电泳纯样品等方面已得到极广泛的应用。但是，它对在等电点时发生沉淀或变性的样品不适用。

等电聚焦的关键问题是：①用载体两性电解质形成 pH 值梯度；②稳定集中分离了的蛋白质区带；③分离了的蛋白质的鉴定及 pH 值的测量。

（四）琼脂糖凝胶电泳

1. 琼脂糖凝胶电泳结构

琼脂糖是 D- 和 L- 半乳糖残基通过 α（1→3）和 β（1→4）糖苷键交替构成的线状聚合物。L- 半乳糖残基在 3 和 6 位之间形成脱水链接（图 6）。琼脂糖链形成螺旋纤维，后者再聚合成半径 20~30 nm 的超螺旋结构。琼脂糖凝胶可以构成一个直径从 50 nm 到略大于 200 nm 的三维筛孔的通道。

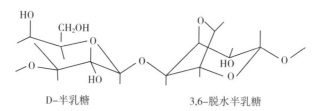

D-半乳糖　　　　　　　3,6-脱水半乳糖

图 6　琼脂糖的结构

商品化的琼脂糖聚合物每个链约含 800 个半乳糖残基，然而，琼脂糖并不是均一的，不同的制造商或不同生产批次多糖链的平均长度都是不同的。

现在以分离核酸为例，不同浓度琼脂糖凝胶，可以分离 DNA 片段大小的范围参数如表 3 所示。

表 3　不同浓度琼脂糖凝胶与分离 DNA 片段的范围

琼脂糖（%）	长链 DNA 分子有效分离范围（kb）
0.6	0.9~20
0.7	0.8~10
0.9	0.65~7
1.2	0.3~6
1.5	0.2~4
2.0	0.1~3

此外，较低级的琼脂糖也许存在其他多糖、盐和蛋白质的污染。这些多糖链在 100℃ 左右时呈液态，当温度下降到 45℃ 以下时，它们之间以氢键方式相互连接就成为线性双链单环的琼脂糖，经凝聚即呈束状的琼脂糖凝胶。由于琼脂糖具有亲水性及不含带电荷的基团，因此很少引起敏感的生物化学物质的变性和吸附，而且对尿素和盐酸胍等破坏氢键的试剂有较强的抵抗力，在 pH 值 4.0~9.0 的缓冲液中稳定。可以根据需要制成不同浓度的琼脂糖凝胶，用以分离各种生物物质，如核酸、蛋白质、同工酶、脂蛋白等大分子的物质。

2. 琼脂糖凝胶电泳操作

（1）制板。

用封边带封闭干净玻璃板（10 cm×15 cm）与模框的连接处，形成一个长方形的琼脂糖凝胶模具，然后放于水平支架上。将梳子置于玻璃板适当的位置上，然后配制足量的电泳缓冲液（1×TAE 或 0.5×TBE）用以灌满电泳槽和配制凝胶。

根据欲分离 DNA 片段大小用电泳缓冲液配制适宜浓度琼脂糖溶液，一般常用琼脂糖浓度为 0.7%~1.5%。具体方法：称取一定量的琼脂糖放入锥形瓶或玻璃瓶中，按所需凝胶的浓度加入足量的电泳缓冲液，然后用棉塞塞住三角瓶瓶口，在沸水浴或微波炉加热至琼脂糖熔化。待该溶液冷却到 60℃ 左右，加核酸染料（1 μL/20 mL），轻轻地旋转以充分混匀凝胶溶液。将混匀凝胶缓缓注入上述备好的模具中，使其厚度为 3 mm。室温放置 20~30 min 后，小心地移走梳子和模框，即制成琼脂糖凝胶板。

（2）加样和电泳。

将琼脂糖凝胶板移至电泳槽后，用微量移液器或玻璃毛细将样品混合液缓缓加入浸没凝胶的加样孔内，分子质量标准分别加至样品孔左侧和右侧的两个孔内。关上电泳槽，接好电源插头。DNA 向阳极（红色插头）侧泳动后，给予 1~5 V/cm 的电压，其中距离以阳极至阴极之间的测量为准。如电极插头连接正确，阳极和阴极由于电解作用将产生气泡，并且几分钟内溴酚蓝从加样孔迁移进入胶体内。待溴酚蓝移至适当距离后再停止电泳。

（3）DNA 的检测。

当 DNA 样品或染料在凝胶中迁移了足够距离，关闭电源、拔出电极插头和打开电泳槽盖，即可用紫外灯观察凝胶和照相。也可以用核酸检测仪测定 DNA 的含量和浓度。

（4）样品回收。

琼脂糖凝胶和丙烯酰胺凝胶中的 DNA 可以设法回收，以供进一步研究之用。回收的方法很多，最常用的方法是 McDonell 1977 发明的一种回收技术，该技术可以从琼脂糖凝胶或丙烯酰胺凝胶切片回收分子质量范围较宽的双链 DNA，并且产量较高。这种方法有些烦琐，必须将凝胶切片单独放入透析袋，不能回收多种 DNA 样品。但是电洗效果很好。大概步骤如下：在紫外光照射下，用锋利的手术刀片切下含有目的条带的凝胶切片，置于用 0.5×TBE 湿润的方形石蜡膜上（尽可能使切下的琼脂糖体积最小，以减少对 DNA 的污染，并缩短 DNA 迁移出凝胶的距离，同时保证能容易地将其放入透析袋中）。切下条带后，记得照相，以获得洗脱条带的记录。戴上手套，用透析袋夹将透析袋一端封住。用 0.25×TBE 充满透析袋直至溢出，拿住袋颈，用药勺将凝胶切片转移至充满缓冲液的透析袋中，用透析袋夹紧两端，记录 DNA 片段的名字，然后把透析袋放在水平电泳槽中。用玻璃棒或吸管防止透析袋漂浮，同时使凝胶切片的方向与电极方向平行。使电流通过透析袋，电压通常为 7.5 V/cm，持续 45～60 min，用手提式长波紫外灯来监测 DNA 从凝胶切片中迁移出来。倒转电流的极性电泳 20 s，使 DNA 从透析袋内壁上释放下来。切断电源，从电泳槽中取出透析袋，轻揉它以便使 DNA 进入缓冲液。反向电泳后，打开透析袋夹，小心将凝胶周围所有缓冲液转移到一个塑料管中。用苯酚抽提 1～2 次，水相用乙醇沉淀。这种方法回收的 DNA 纯度很高，可供进一步进行限制酶分析、序列分析或作末端标记，回收率在 50% 以上。

3. 琼脂糖凝胶电泳特性

琼脂糖凝胶多用于平板型电泳，其制备与聚丙烯酰胺凝胶电泳相比，操作简便、快速。可根据分子大小来选择适当的凝胶浓度（表 3），用各种浓度的琼脂糖凝胶可以分离长度 200～60 000 bp 的 DNA，分子量更大的 DNA 可以通过电流方向呈周期变化的脉冲电泳进行分离。通常在进行 DNA 样品分析及 M_r 测定时多采用琼脂糖凝胶，在测定小的 DNA 分子或测序时才使用聚丙烯酰胺凝胶。琼脂糖凝胶电泳，方法简单、快速、易操作，在核酸研究中得到广泛的应用。核酸琼脂糖凝胶电泳结果的检测方法有溴化乙啶染色、核酸染料染色、银染色及同位素放射显影法等。目前核酸染料染色相对毒性较低。琼脂糖电泳用于研究核酸等大分子物质效果很好，主要优点可归纳如下。

（1）琼脂糖凝胶结构均匀，含水量大（占 98%～99%），近似自由电泳，样品扩散度较自由电泳小，对样品吸收吸附极微，因此电泳图谱清晰，分辨率高，重复性好。

（2）凝胶板操作简单，电泳速度快，样品不需事先处理即可进行电泳。

（3）琼脂糖呈透明状，无紫外吸收，电泳后的样品可直接用紫外检测；电泳后区带易染色，样品易洗脱，便于定量测定。

（五）双向凝胶电泳

双向电泳（Two dimensional electrophoresis，2-DE）的基本原理：首先根据蛋白质等电点不同，在 pH 值梯度的聚丙烯酰胺凝胶中等电聚焦（IEF-PAGE）将其分离，然后按照它们的分子量大小，在垂直方向或水平方向进行SDS-聚丙烯酰胺凝胶电泳（SDS-PAGE）的第二次分离，再用考马斯亮蓝或银染法进行检测。

双向电泳是把两种不同的电泳分离程序结合在一起的技术。与任一单向电泳相比，它能获得更多的有关蛋白质混合物的信息。通常以柱状等电聚焦作为第一向电泳，而以板状 SDS-聚丙烯酰胺凝胶电泳作为第二向电泳。

在一个复杂的混合样品中，若其中某些物质的等电点或相对分子质量相似，或等电点和相对分子质量有互补作用时，用单向凝胶电泳就不能将所含组分全部分开。所以常常要把第一向电泳胶条转至另一种凝胶介质（pH 值和浓度与一向电泳胶不同）上进行第二向电泳，才能使混合样品得到有效分离。例如，先按照蛋白质等电点的不同进行分离，然后又按照蛋白质相对分子质量的不同进行分离。由于蛋白质的相对分子质量和等电点之间没有必然联系，因此，在两个方向上利用这些参数就可获得很高的分辨力。其基本操作流程如下。

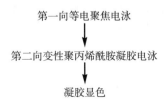

双向电泳分辨率高、可重复性强，作为蛋白质组研究的三大关键核心技术之一（另两种是质谱技术和计算机图像数据处理与蛋白质组数据库技术），是目前分析组分复杂蛋白质分辨率最高的工具，因此日益受到人们的广泛关注。

（六）毛细管电泳

毛细管电泳是 20 世纪 80 年代初由 Joenson 和 Lukacs 提出的。此电泳与常规凝胶电泳相比，具有测试速度快（每次仅需 0.5 h）、进样量少、应用范围广和自动化程度高等优点。毛细管电泳法（Capillary Electrophoresis，CE）又称高效毛细管电泳（HPCE），是经典电泳技术和现代微柱分离相结合的产物。目前，它已成为与 20 世纪 50 年代末 60 年代初出现的气相色谱以及 20 世纪 70 年代初出现的液相色谱（HPCE）相媲美的一种分离技术，并被认为是当代分析科学最具活力的前沿研究课题。

毛细管电泳又称毛细管区带电泳，是以高压电极为驱动力，以毛细管为分离通道，根据样品各组分之间淌度和分配行为上的差异实现分离目的的一类液相分离技术，具体装置见图 7。分离后的样品依次通过设在毛细管一端的检测器检出。该方法克服了传统区带电泳的热扩散和样品扩散的问题，实现了快速和高效分离。

就毛细管电泳而言，极细的毛细管内径带来了很高的分离效能，但同时也给样品组分的检测带来困难，对检测技术相应提出了较高的要求。如何增加检测器的灵敏度，同时又不造成明显的区带展宽，一直是毛细管电泳法技术发展中的一个至关重要的问题。迄今为止，已有许多检测技术与毛细管电泳法联用，在不同的实际应用领域中发挥作用。

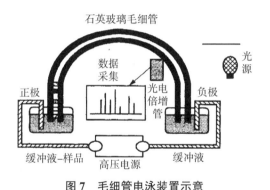

图 7　毛细管电泳装置示意
(引自蒋立科和杨婉身，现代生物化学实验技术)

三、醋酸纤维薄膜电泳法分离血清蛋白质实验

（一）实验目的

学习蛋白质电泳的原理和方法，掌握醋酸纤维薄膜电泳法分离血清蛋白质的技术。

（二）实验原理

带电质点在电场中向着与其电性相反的电极移动的现象称为电泳。带电质点在电场中移动的方向和速度取决于带电质点自身所带的电荷数量、电场强度以及溶液 pH 值等因素。

醋酸纤维素薄膜电泳是以醋酸纤维素薄膜作为支持物分离蛋白质的一种电泳方法。醋酸纤维素是纤维素的羟基被乙酰化后得到的纤维素醋酸酯。当将其溶于有机溶剂后，可用来涂抹成均匀的薄膜，待溶剂蒸发后即成醋酸纤维素薄膜。该膜的一面较光滑，另一面则粗糙无光泽。电泳时，将样品点样在粗糙无光泽面，经电泳后，样品即可被分离。醋酸纤维素薄膜具有均匀的泡沫状结构，有很强的渗透性，用它作为支持物进行电泳具有快速、简便、样品用量少、分辨率高、电泳区带清晰、无拖尾现象、灵敏度高等优点。目前广泛应用于血清蛋白、血红蛋白、糖蛋白、脂蛋白、结合球蛋白、同工酶的分离鉴定以及免疫电泳等方面。

蛋白质是两性电解质，在不同的缓冲液中所带电荷的极性与数量不同，因而在电场中的移动也相应地会有所不同：在 pH 值小于其等电点的缓冲液中，蛋白质分子能结合 H^+ 带正电荷，在电场中向阴极移动；在 pH 值大于其等电点的缓冲液中，蛋白质分子解离出 H^- 带负电荷，在电场中向阳极移动。血清中含有多种蛋白质，如清蛋白、α-球蛋白、β-球蛋白、γ-球蛋白等，由于各蛋白质的等电点不同，分子的颗粒大小和形状不同，在同一 pH 值的缓冲液中，所带电荷性质和数目各不相同，因此在电场中各种蛋白质的移动情况也不同，故可利用电泳法将它们分离。人血清中蛋白质的等电点、相对分子量的差异如表 4 所示。

表 4　人血清中蛋白质的等电点、相对分子量

蛋白质名称	等电点（pI）	相对分子量	占总蛋白的%
清蛋白	4.84	69 000	57~72
α_1-球蛋白	5.06	200 000	2~5
α_2-球蛋白	5.06	300 000	4~9
β-球蛋白	5.12	90 000~150 000	6.5~12
γ-球蛋白	6.85~7.50	156 000~300 000	12~20

从表中可知，人血清中 5 种蛋白质的等电点都低于 pH 值 7.0，所以在 pH 值 8.6 缓冲液中，它们都可电离成负离子，在电场中向正极移动。由于清蛋白所带负电荷最多，泳动最快，向正极迁移的速度最快，其余依次为 α_1-球蛋白、α_2-球蛋白、β-球蛋白、γ-球蛋白。γ-球蛋白所带电荷最少，向正极迁移的速度最慢。

由于血清蛋白为无色胶体颗粒，因此电泳结束后，将薄膜浸入氨基黑 10B 染色液中浸泡染色，然后用漂洗液漂洗。漂洗液可洗去薄膜上未与蛋白质结合的染料，但是不能洗去已与蛋白质结合的染料。这样，漂洗之后就可以得到背景无色的各蛋白质电泳图谱。

在一定范围内，蛋白质的量与结合的染料成正比，因此还可以进行定量分析。将醋酸纤维素薄膜上形成的蛋白质电泳区带剪下，分别用 0.4 mol/L NaOH 将蛋白质浸洗下来，进行比色，即可测定出各种蛋白质的相对含量。也可以将染

色后的薄膜直接用光密度计扫描测定其相对含量。

（三）材料、仪器和试剂

1. 材料

新鲜本地兔子血清（无溶血）。

2. 仪器

镊子（竹夹）、醋酸纤维素薄膜（2 cm×8 cm）、滤纸、铅笔与直尺、载玻片、电泳仪与水平电泳槽、电吹风、染色液盘、手术刀片等。

3. 试剂

① 电极缓冲液（pH 值＝8.6，离子强度＝0.06）：称取巴比妥 1.66 g、巴比妥钠 12.76 g，用蒸馏水溶解并定容至 1 000 mL。

② 染色液：称取 0.5 g 氨基黑 10B、甲醇 50 mL、冰醋酸 10 mL，蒸馏水 40 mL，混匀。

③ 漂洗液：95%乙醇 45 mL、冰醋酸 5 mL、蒸馏水 50 mL，混匀。

④ 透明液。

a. 甲液：冰醋酸 15 mL、无水乙醇 85 mL，混匀。

b. 乙液：冰醋酸 25 mL、无水乙醇 75 mL，混匀。

⑤ 洗脱液：0.4 mol/L NaOH 溶液（称取 16 g NaOH，用蒸馏水溶解并定容至 1 000 mL）。

（四）操作步骤

1. 画点样线和浸泡膜条

选择薄膜无光泽面，在距薄膜一端 1.5 cm 处用铅笔轻轻画一条直线作为点样线，并标明正、负电极，做好标记（比如学号），然后用镊子轻轻地将薄膜浸入缓冲液中，浸泡 10~30 min，待膜完全浸透后取出（有白斑的不要）。

2. 制作电桥

在水平电泳槽内加入电极缓冲液，使两个电极槽内的液面等高（可用虹吸管平衡两边的液面）。剪裁尺寸合适的滤纸条双层附着在两电极槽支架上，一端浸入电极缓冲液中，另一端贴在电泳槽的支架上（用缓冲液将滤纸全部润湿并驱除气泡，使滤纸紧贴在支架上，即为滤纸桥），它是联系醋酸纤维素薄膜与两电极缓冲液之间的"桥"，见图 8。

3. 点样

取出浸透的醋酸纤维素薄膜，轻轻夹在滤纸中吸去多余的溶液，识别无光泽面，让无光泽面朝上平放在滤纸上。用载玻片的边缘蘸上血清，然后垂直均匀地印于膜上点样处，待血清全部渗入膜内，即可进行电泳（注意应使血清均匀分布在点样线上，形成具有一定宽度且粗细均匀的直线）。

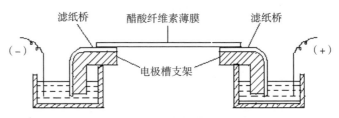

图8 醋酸纤维素薄膜电泳装置

4. 电泳

用镊子将已点样的薄膜无光泽面（即点样一面）向下放在电泳槽支架的"滤纸桥"上（点样线切勿接触"滤纸桥"），使薄膜的点样端位于负极，薄膜要平直，中间不可出现凹面。盖上电泳槽盖，平衡 10 min，使薄膜充分浸润，打开电泳仪开关，调节电压为 90～120 V（10～15 V/cm），电流为 0.4～0.6 mA/cm，电泳 40～60 min（如果薄膜条数多可适当增加电压）。

5. 染色与漂洗

电泳结束后，关闭电泳仪的电源。用镊子取出醋酸纤维素薄膜，将薄膜直接浸入染色液中，染色 5～10 min，取出后，再放入盛有漂洗液的培养皿中漂洗，每隔 5～10 min 换一次漂洗液，连续数次，可使背景颜色脱去。将薄膜夹在滤纸中吸去多余的溶液，即可观察到薄膜上清晰的电泳图谱。

6. 透明

将用滤纸吸干的醋酸纤维素薄膜浸入透明甲液中，准确浸泡 90 s 后立即取出，再将薄膜迅速浸入透明乙液中，准确浸泡 40 s 后，迅速取出薄膜，并将薄膜紧贴在玻璃板上（边贴边赶气泡），烘干，用刀片轻轻刮下即得到背景透明的电泳图谱，该图谱可长期保存。注意：透明时间一定要准确。

（五）结果判断与分析

1. 结果判断

将薄膜用透明胶粘贴到报告册上，标明正负极及膜上条带各为何种蛋白。

2. 定量分析

可利用洗脱法或光密度计扫描法，测得各蛋白质组分的相对百分含量。

（1）洗脱法。将漂洗干净而未透明的电泳图谱的各区带剪下，并剪一段无蛋白质区带的薄膜作为空白，分别浸入盛有 5.0 mL 的 0.4 mol/L NaOH 溶液的试管中，摇匀，37℃水浴中保温 30 min，每隔 10 min 摇动 1 次，待色泽完全浸出后，以无蛋白区带的试管为空白调"0"，在 620 nm 波长下比色，分别测出各管的吸光值（$A_清$、$A_{\alpha 1}$、$A_{\alpha 2}$、A_β、A_γ）。

吸光值总和：$A_总 = A_清 + A_{\alpha 1} + A_{\alpha 2} + A_\beta + A_\gamma$

清蛋白含量（%）=（$A_清 / A_总$）×100

α_1-球蛋白含量（%）=（$A_{\alpha1}/A_{总}$）×100

α_2-球蛋白含量（%）=（$A_{\alpha2}/A_{总}$）×100

β-球蛋白含量（%）=（$A_{\beta}/A_{总}$）×100

γ-球蛋白含量（%）=（$A_{\gamma}/A_{总}$）×100

（2）光密度计扫描法。将已透明好的薄膜电泳图谱放入自动扫描光密度计内，在记录仪上自动绘出血清蛋白质各组分曲线图，横坐标为薄膜长度，纵坐标为吸光度，每个峰代表一种蛋白质组分。以峰的面积计算血清中各蛋白质的百分含量。

【思考题】

1. 本实验电泳时为什么要将点样一端放在电泳槽的负极端？

2. 醋酸纤维素薄膜电泳分离血清蛋白质的实验操作中，应注意哪些问题？

3. 用醋酸纤维素薄膜作为电泳支持物有何优点？

实验四、蛋白质的含量测定

一、分光光度技术

（一）分光光度法的基本原理

分光光度法是利用物质的分子或离子对某一波长范围光的吸收作用，对物质进行定性、定量分析及结构分析的一种技术。物质可对光产生不同程度的选择性吸收，当光线通过透明溶液介质时，其中一部分光可透过，一部分光被吸收，这种光波被溶液吸收的现象可用于某些物质的定性及定量分析。光线是一种电磁波，其中可见光波长范围为 400 ~ 760 nm，200 ~ 400 nm 为紫外光区，长于760 nm 为红外线。

钨灯光源所发出的光通过三棱镜折射后，在另一面的屏幕上可得到红、橙、黄、绿、蓝、靛、紫组成的连续色谱。这个色谱就是钨灯的发射光谱。各种不同的光源都有特有的发射光谱，因此可采用不同的发光体作为仪器的光源。如钨灯能发出 400~760 nm 波长的光谱，可作为可见光分光光度计的光源，氢灯能发出185~400 nm 波长的光谱，可作为紫外光分光光度计的光源。

分光光度法所依据的原理是 Lambert-Beer 定律，该定律阐明了溶液对单色光吸收的多少与溶液的浓度及液层厚度之间的定量关系。

1. Lambert 定律（朗伯定律）

当一束单色光通过透明溶液介质时，由于一部分光被溶液吸收，所以光线的强度就减弱。当溶液浓度不变时，透过的液层越厚，则光线强度的减弱越显著。

设光线原来的强度为 I_o（入射光强度），通过厚度为 L 的液层后，其强度为 I（透过光强度），则 I/I_o 表示光线透过溶液的程度，用 T 表示：

$$T = \frac{I}{I_o}$$

式中：I/I_o 为透光度，以 T 表示，透光度的负对数（$-\lg T$）与液层的厚度成正比，即

$$-\lg T = -\lg \frac{I}{I_o} = \lg \frac{I_o}{I} \propto L$$

将上式写成等式，得

$$\lg \frac{I_o}{I} = k_1 L$$

式中：k_1 为比例常数，它与入射光波长、溶液性质和浓度、温度等有关。$\lg I/I_o$ 称为吸光度（A）或光密度（D）。

$$A（或 D）= k_1 L \qquad ①$$

Lambert 定律的意义是：当一束单色光通过一定浓度的溶液时，其吸光度与透过的液层厚度（光程）成正比。

2. Beer 定律（比尔定律）

Beer 定律的数学表达式为：

$$A（或 D）= k_2 c \qquad ②$$

式②：A——吸光度。

　　c——溶液浓度。

　　k_2——比例常数，它与入射光波长、溶液性质、液层厚度及温度有关。

Beer 定律的意义是：当一束单色光照射溶液时，若液层厚度不变，其吸光度与溶液的浓度成正比。

3. Lambert-Beer 定律（朗伯-比尔定律）

如果同时考虑液层厚度和溶液浓度对光吸收的影响，则必须将 Lambert 定律和 Beer 定律合并起来。得到 Lambert-Beer 定律的数学表达式为：

$$\lg \frac{I_0}{I} = kcL$$

$$A（或 D）= kcL \qquad ③$$

Lambert-Beer 定律的意义是：当一束单色光照射溶液时，其吸光度与溶液浓度和透光液层厚度的乘积成正比。

4. 吸光系数与摩尔吸光系数

式③中 k 值随 c 和 L 的单位不同而异，与入射光波长及溶液的性质有关。当浓度 c 以 g/L、液层厚度 L 以 cm 为单位表示时，常数 k 以 a 表示，称为吸光系数，单位为 L/（g·cm）。此时式③变为：

$$A = acL \qquad ④$$

若溶液的浓度 c 用 mol/L 表示，液层的厚度 L 用 cm 表示，则 k 写成 ε，得到

$$A = \varepsilon cL \qquad ⑤$$

式⑤ε 称为摩尔吸光系数，单位为 L/（mol·cm）。它表示物质的浓度为 1 mol/L、液层厚度为 1 cm 时溶液的吸光度。摩尔吸光系数表明物质对某一特定波长光的吸收能力。ε 越大，表示该物质对某波长光的吸收能力越强，测定的灵敏度就越高。因此，在进行比色测定时，为了提高分析的灵敏度，必须选择 ε 大的有色化合物，以及选择具有最大 ε 值的波长作入射光。

（二）分光光度法的计算

通常测定时通过仪器直接读出吸光度值，便可进一步按下列方式处理计算出待测溶液的浓度。

1. 计算公式法

即利用标准管法计算出待测溶液的浓度。在同样实验条件下同时测得标准液和待测液的吸光度值，然后进行计算。

根据朗伯-比尔定律③式得：

标准溶液：$A_s = k_s c_s L_s$

待测溶液：$A_u = k_u c_u L_u$

两种溶液的液层厚度相等，$L_u = L_s$，而且是同一物质的两种不同浓度，在测定时所用单色光也相同，则 $k_u = k_s$。

两式相比得：

$$\frac{A_u}{A_s} = \frac{c_u}{c_s} \quad 即 \quad c_u = \frac{A_u}{A_s} \cdot c_s$$

公式中 A_u、A_s 可由分光光度计测出，c_s 为已知，则待测溶液的浓度 c_u 即可求出。

以上测定方法要求两者的浓度必须在光度计有效读数范围内，同时要求配制的标准溶液浓度应尽量接近被测定溶液，否则将出现测定误差。因此，在测定浓度各不同的同一物质的批量样品时，需要配制许多标准溶液，很不方便。

2. 标准曲线法

即利用标准曲线求出待测溶液的浓度。分析大批待测溶液时，采用此法比较方便。先配制一系列浓度由大到小的标准溶液，测出它们的吸光度。在标准液的一定浓度范围内，溶液的浓度与吸光度之间呈直线关系。以各管的吸光度为纵坐标，各管浓度为横坐标，通过原点作出吸光度与浓度成正比的直线图，此直线称为标准曲线。

在制作标准曲线时，起码用 5 种浓度递增的标准溶液，测出的数据至少有 3 个点落在直线上，这样的标准曲线方可使用。

各个未知溶液按相同条件处理，在同一光度计上测定吸光度值，即可迅速从标准曲线上查出相应的浓度值。测定待测溶液时，操作条件应与制作标准曲线时相同，测定吸光度后，从标准曲线上可以直接查出其浓度。如图 9 所示，可由 A_u 直接查出其浓度 c_u。

标准曲线法，在实验条件比较恒定、样品数量多的测定中是十分方便准确的。但做好标准曲线十分重要，标准曲线上的每个点都应做 3 个平行测定，3 个数值力求重叠或十分接近，绘制好的标准曲线仅供在同样条件下处理的被测定溶液使用。

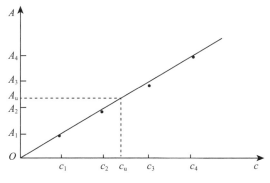

图 9　标准曲线（浓度-吸光度曲线）

（引自胡兰 动物生物化学实验教程）

（三）使用分光光度计的注意事项

1. 要防震、防潮、防光和防腐蚀

分光光度计为贵重的精密仪器，要防震、防潮、防光和防腐蚀。

（1）防震。仪器应放在固定的平稳台上，不要随意搬动，旋转旋钮和开关盖子时，不可用力过猛，以防损坏机件。

（2）防潮。光电池受潮后，灵敏度下降，甚至失效。光电池附近应放置硅胶，仪器应放在干燥的地方，硅胶应经常更换。

（3）防光。使用时要防止强光照射，防止长时间的连续照射。

（4）防腐蚀。使用时要防止酸碱等物质侵入机件内部。盛装待测液时，达到比色杯 3/4 左右即可，不宜过多，以防溶液流出杯外。移动比色杯架拉杆时动作要轻柔，以防溶液溅出、腐蚀机件。

2. 比色杯的保护

不可用手、滤纸和毛刷等摩擦比色杯的光滑面，移动比色杯时，应手持比色杯的磨面。比色杯用完后立即先用自来水冲洗，再用蒸馏水洗净、晾干。每台分光光度计比色杯为本台专用，不可与其他分光光度计的比色杯互换。

3. 测定时预热和对波长的选择

比色之前，分光光度计需要预热 20 min。测定波长对比色分析的灵敏度、准确度和选择性有很大的影响。选择波长的原则：要求"吸收最大，干扰最小"，因为吸光度越大，测定灵敏度越高，准确度也容易提高；干扰越小，则选择性越好，测定准确度越高。

二、双缩脲法

（一）实验目的

（1）掌握双缩脲法测定蛋白质含量的原理和方法。

（2）熟悉分光光度计的使用方法。

（二）基本原理

双缩脲（$NH_2-CO-NH-CO-NH_2$）是两分子脲经 180℃ 左右加热，放出一分子氨后所得到的产物。在强碱性溶液中，双缩脲能与硫酸铜形成紫红色络合物，该反应称为双缩脲反应。蛋白质分子含有两个以上的肽键，能发生双缩脲反应，在碱性溶液中双缩脲能与 Cu^{2+} 形成紫红色的络合物，其颜色的深浅与蛋白质的浓度成正比，可用比色法进行定量测定。双缩脲法常用于快速但不要求十分精确的测定。该法测定蛋白质浓度范围为 $1\sim10$ mg/mL。

（三）材料、仪器和试剂

1. 材料

1∶10 兔（羊）血清稀释液。

2. 仪器

分光光度计、吸管、试管。

3. 试剂

（1）双缩脲试剂。取 0.75 g 硫酸铜（$CuSO_4 \cdot 5H_2O$）和 3 g 酒石酸钾钠（$NaKC_4H_4O_6 \cdot 4H_2O$）溶于 250 mL 蒸馏水中，在搅拌下加入 10% 的 NaOH 溶液 150 mL，用蒸馏水定容至 500 mL。贮存于塑料瓶中（或内壁涂以石蜡的瓶中）。此试剂可长期保存。

（2）酪蛋白标准溶液（5 mg/mL）。酪蛋白 1.25 g，用 0.05 mol/L NaOH 溶解并稀释至 250 mL。

（四）操作步骤

1. 制作标准曲线

取 6 只试管编号，按表 5 配制 6 种不同浓度的酪蛋白标准溶液。

表5　6种不同浓度酪蛋白标准溶液的配制

试剂	1	2	3	4	5	6
标准溶液（mL）	0.0	0.4	0.8	1.2	1.6	2.0
蒸馏水（mL）	2.0	1.6	1.2	0.8	0.4	0.0
双缩脲试剂（mL）	4.0	4.0	4.0	4.0	4.0	4.0

室温放置 30 min，在 540 nm 波长处测定各管吸光度，绘制浓度-吸光度标准曲线。

2. 样品液测定

取 3 支试管编号，1 号试管加蒸馏水 2 mL 作为对照，2 号、3 号试管分别加 1∶10 血清 1 mL、加蒸馏水 1 mL，然后各管分别加 4 mL 双缩脲试剂，混匀，在

540 nm 波长处测定各管吸光度。

（五）结果计算

$$血清样品蛋白质含量（g/100 mL） = \frac{Y \times N}{V} \times 10^{-3} \times 100$$

式中：Y——标准曲线查得蛋白质的浓度（mg/mL）。

N——样品的稀释倍数。

V——血清样品所取的体积（mL）。

（六）注意事项

（1）本实验方法测定范围在 1~10 mg 蛋白质。

（2）样品测定须在显色后 30 min 之内完成，超过 30 min 会有雾状沉淀产生，影响测定结果。

三、Folin-酚试剂法

（一）实验目的

掌握 Folin-酚试剂法测定蛋白质含量的原理和方法。

（二）基本原理

Folin-酚试剂法测定蛋白质含量的过程分两步反应进行：第一步，在碱性条件下，蛋白质与 Cu^{2+} 作用生成蛋白质-铜络合物；第二步，此络合物可还原磷钼酸-磷钨酸试剂（Folin 试剂），产生蓝色化合物（磷钼蓝和磷钨蓝混合物），在一定范围内，颜色深浅与蛋白质的含量成正比，因此可用比色法来测定蛋白质含量。

（三）材料、仪器和试剂

1. 材料

血清、小麦粉。

2. 仪器

分光光度计、分析天平、容量瓶、吸管、试管、漏斗。

3. 试剂

（1）Folin-酚试剂甲。

A 液：10 g Na_2CO_3，2 g NaOH，0.25 g 酒石酸钾钠，用蒸馏水溶解并定容至 500 mL。

B 液：0.5 g $CuSO_4 \cdot 5H_2O$ 用蒸馏水溶解并定容至 100 mL。

使用前将 A 液 50 mL、B 液 1 mL 混合，即为试剂甲，其有效期为 1 d。

（2）Folin-酚试剂乙。

在 1.5 L 磨口圆底烧瓶中加入 100 g 钨酸钠（$Na_2WO_4 \cdot 2H_2O$）、25 g 钼酸钠（$Na_2M_0O_4 \cdot 2H_2O$）、700 mL 蒸馏水、50 mL 85% 磷酸和 100 mL 浓盐酸充分混

匀，接上回流冷凝管，以小火回流 10 h。回流结束后，加入 150 g 硫酸锂、50 mL 蒸馏水及数滴液体溴，开口继续煮沸 15 min，驱除过量的溴，冷却后，溶液呈黄色（若溶液呈绿色，需再加数滴液体溴，继续煮沸 15 min），然后稀释至 1 L，过滤，滤液贮于棕色试剂瓶中。使用前，用蒸馏水将试剂稀释 1 倍左右，使最终浓度相当于 1 mol/L 盐酸。

（3）标准溶液。配制牛血清白蛋白溶液（250 μg/mL）。

（4）0.5 mol/L NaOH。配制方法略。

（四）操作步骤

1. 制作标准曲线

取 6 支试管编号，按表 6 配制一系列不同浓度的牛血清白蛋白溶液。

表 6　Folin-酚试剂法标准曲线的配制

试剂	1	2	3	4	5	6
标准溶液（mL）	0.0	0.2	0.4	0.6	0.8	1.0
蒸馏水（mL）	1.0	0.8	0.6	0.4	0.2	0.0
蛋白质含量（μg）	0.0	50	100	150	200	250

各管加入 Folin-酚试剂甲 5 mL，混匀，在室温下放置 10 min，各管再加入 0.5 mL Folin-酚试剂乙，并立即混匀（这一步速度要快，否则会使显色程度减弱）。30 min 后，以不含蛋白质的 1 号试管为对照，用分光光度计于 650 nm 波长下用 1 cm 光径的比色皿比色，记录各试管内溶液的吸光度，以吸光度为纵坐标，以牛血清白蛋白含量（μg）为横坐标，绘制吸光度-蛋白质含量标准曲线。

2. 样品的提取与测定

（1）植物样品。

准确称取 1 g 小麦粉置大试管中，加入 0.5 mol/L NaOH 10 mL，摇匀后加盖置于 90℃ 水浴中加热 15 min，取出冷却至室温，将样品全部转移至 100 mL 容量瓶中。试管内的残渣用少量蒸馏水冲洗数次，冲洗液一并倒入容量瓶中，用蒸馏水定容至刻度，摇匀，过滤，滤液备用。

取 3 支试管编号，1 号试管加蒸馏水 1 mL 作为空白对照，2 号、3 号试管分别加入滤液 0.2 mL、蒸馏水 0.8 mL，然后向各试管各加入试剂甲 5 mL，混匀后，放置 10 min，然后加入试剂乙 0.5 mL，迅速混匀，室温下放置 30 min，于 650 nm 波长下比色，记录吸光度。

（2）动物样品。

取 3 支试管编号，1 号试管加蒸馏水 1 mL 作为空白对照，2 号、3 号试管分别加入 1：100 血清 0.2 mL、蒸馏水 0.8 mL，然后向各试管各加入试剂甲 5 mL，混匀后，放置 10 min，然后加入试剂乙 0.5 mL，迅速混匀，室温下放置 30 min，于 650 nm 波长下比色，记录吸光度。

（五）结果计算

从标准曲线上查出测定液中蛋白质的含量 X（μg），然后计算样品中蛋白质的百分含量。

$$样品中蛋白质含量（\%）= \frac{X \times V_2 \times 稀释倍数 \times 10^{-6}}{V_1 \times m} \times 100$$

式中：X——标准曲线上查出的蛋白质含量，μg；

m——样品重量，g；

V_1——血清（或样品滤液）测定时的体积，mL；

V_2——血清（或样品滤液）的总体积，mL。

（六）注意事项

（1）此法操作简便，由于加入 Folin-酚试剂后，蛋白质的肽键显色效果增强，减少了蛋白质种类所引起的偏差，从而提高了检测蛋白质的灵敏度，灵敏度比双缩脲法高 100 倍。

（2）Folin 试剂（试剂乙）在碱性条件下不稳定，但此实验的反应是在 pH 值＝10 的情况下发生，因此在 Folin-酚试剂反应时应立即混匀，以便在磷钼酸-磷钨酸试剂被破坏之前即能发生还原反应，否则显色程度会减弱。

（3）此法操作简便，适合于微量蛋白质样品测定，可检测的最低蛋白质量达 5 μg。通常测定范围为 5~100 μg。本法也可用于测定游离酪氨酸和色氨酸。

（4）本法的不足之处，耗时较长，试剂乙的配制较为困难。

四、紫外吸收法

（一）实验目的

（1）学习紫外光吸收法测定蛋白质含量的原理和方法。

（2）掌握紫外分光光度计的使用方法。

（二）基本原理

由于蛋白质分子中含有酪氨酸、色氨酸和苯丙氨酸等芳香族氨基酸残基，它们的结构中具有共轭双键，因此对紫外光有吸收作用，吸收高峰在 280 nm。在 0.1~1.0 mg/mL 范围内，蛋白质溶液的光吸收值与其含量成正比，因此可用作蛋白质的定量测定。

此法具有简单、灵敏、快速，且不消耗样品和试剂等优点。但样品中若含有嘌呤、嘧啶等吸收紫外光的物质时就有干扰作用。核酸在 280 nm 波长处有光吸收，对蛋白质测定具有干扰作用。260 nm 处是核酸的最大吸收峰，在测定蛋白质含量时若同时测定 280 nm 和 260 nm 两处的光吸收，通过计算可以消除核酸对蛋白质定量测定的干扰。

（三）材料、仪器和试剂

1. 材料

待测蛋白质溶液。

2. 仪器

紫外分光光度计、试管、移液管、容量瓶。

3. 试剂

（1）标准蛋白质溶液。准确称取牛血清白蛋白 100 mg，配制成浓度为 1 mg/mL 的溶液。

（2）待测蛋白质溶液。浓度为 1 mg/mL 左右的溶液。

（四）操作步骤

1. 280 nm 的光吸收法

（1）制作标准曲线。

取 6 支试管编号，按表 7 操作。

表 7　紫外吸收法测蛋白含量标准曲线的配制

试剂	1	2	3	4	5	6
标准蛋白质溶液（mL）	0.0	1.0	2.0	3.0	4.0	5.0
蒸馏水（mL）	5.0	4.0	3.0	2.0	1.0	0.0
蛋白质含量（mg）	0.0	1.0	2.0	3.0	4.0	5.0

混匀，选择光程 1cm 的石英比色皿，在紫外分光光度计 280 nm 波长处比色，测定各管的吸光度（A_{280}）。以吸光度为纵坐标，蛋白质含量（mg）为横坐标，绘制标准曲线。

（2）样品测定。

取样品溶液，按上述方法测定 280 nm 波长处的吸光度，并从标准曲线上查出待测样品的蛋白质含量。如果待测样品进行了稀释，结果要乘以稀释倍数。

2. 280 nm 和 260 nm 的吸收差法

将待测的蛋白质样品溶液稀释到吸光度在 0.2～2.0，在波长 280 nm 和 260 nm 处以相应的溶液作空白对照，分别测得待测样品的吸光度值（A_{280} 和 A_{260}）。用 280 nm 和 260 nm 的吸收差法经验公式直接计算出蛋白质浓度。

（五）结果计算

1. 280 nm 光吸收法结果计算方法

$$100 \text{ g 样品中蛋白质含量（mg）} = \frac{m_1 \times V_{总} \times 100}{V_{测} \times m_{样}}$$

式中：m_1——标准曲线上查出的蛋白质含量，mg；

$V_{总}$——蛋白质溶液总体积，mL；

$V_{测}$——测定用蛋白质溶液体积，mL；

$m_{样}$——样品质量，g。

2. 280 nm 和 260 nm 的吸收差法结果计算方法：

$$蛋白质浓度（mg/mL）= 1.45 A_{280\,nm} - 0.74 A_{260\,nm}$$

五、考马斯亮蓝法

（一）实验目的

（1）学习和掌握考马斯亮蓝 G-250 染色法定量测定蛋白质的原理与方法。

（2）熟练分光光度计的使用和操作方法。

（二）基本原理

考马斯亮蓝 G-250 是一种染料，在游离状态下呈红色，最大吸收峰在 465 nm。它能与蛋白质的疏水微区相结合，这种结合具有高敏感性。当它与蛋白质结合形成复合物时呈蓝色，其最大吸收峰改变为 595 nm，在一定范围内（1~1 000 μg/mL），其吸光度与蛋白质含量成正比，因此可用于蛋白质的定量测定。

该法试剂配制简单，操作简便迅速，抗干扰性强，反应非常灵敏（最低检出量为 1 μg），是一种较好的蛋白质快速微量测定方法。

（三）材料、仪器和试剂

1. 材料

新疆大叶苜蓿叶片。

2. 仪器

分光光度计、试管、吸管、离心机、离心管、研钵、容量瓶。

3. 试剂

（1）标准蛋白质溶液（100 μg/mL）。准确称取 100 mg 牛血清白蛋白，用蒸馏水溶解并定容至 100 mL。

（2）考马斯亮蓝 G-250 试剂。称取 100 mg 考马斯亮蓝 G-250，溶于 50 mL 95%乙醇中，再加入 100 mL 85%浓磷酸，然后加蒸馏水定容至 1 000 mL。

（四）操作步骤

1. 制作标准曲线

取 6 支试管编号，按表 8 操作。

表 8　考马斯亮蓝法测蛋白含量标准曲线的配制

试剂	1	2	3	4	5	6
标准蛋白质溶液（mL）	0.0	0.2	0.4	0.6	0.8	1.0
蒸馏水（mL）	1.0	0.8	0.6	0.4	0.2	0.0

试剂	1	2	3	4	5	6
考马斯亮蓝 G-250（mL）	5.0	5.0	5.0	5.0	5.0	5.0
蛋白质含量（μg）	0.0	20	40	60	80	100

分别向每只试管中加入考马斯亮蓝 G-250 试剂 3.0 mL，混匀，放置 5 min，在 595 nm 波长处测定吸光度。以 A_{595} 为纵坐标，标准蛋白含量为横坐标，绘制标准曲线。

2. 样品液的测定

准确称取苜蓿叶片 200 mg，放入研钵中，加蒸馏水 5 mL，研成匀浆，转移至离心管中，4 000 r/min 离心 10 min，将上清液倒入 10 mL 容量瓶中，残渣以 2 mL 蒸馏水悬浮后，4 000 r/min 离心 10 min，合并上清液，定容，混匀。

取 3 支试管，各加入上述样品提取液 0.1 mL，分别加入考马斯亮蓝 G-250 试剂 3.0 mL，混匀，放置 5 min，于波长 595 nm 处比色，读取吸光度，在标准曲线上查出其相当于标准蛋白的量。

（五）结果计算

$$样品蛋白质含量（μg/g 鲜重）= \frac{m（μg）×提取液总体积（mL）}{测定所用提取液体积（mL）×样品鲜重（g）}$$

式中：m——标准曲线上查得的蛋白质含量。

（六）注意事项

（1）此反应在加入考马斯亮蓝 G-250 试剂 5~20 min 内颜色最稳定，比色应在 1 h 内完成。

（2）待测液中蛋白质浓度不可过高或过低，应控制在 100~800 μg/mL 为宜。

（3）测定结束后需要用无水乙醇清洗比色皿。

【思考题】

1. 根据其原理，比较以上 4 种蛋白质含量测定方法的优缺点。

2. 如何正确使用分光光度计？可见分光光度计与紫外分光光度计的使用有什么区别？

实验五、凝胶过滤柱层析测定蛋白质分子质量

一、层析技术

由于层析技术不需复杂而昂贵的仪器设备，操作简便，而且分离的样品量可大可小，既可用于实验室分离分析，又适合于工业产品的制备，是生化实验和研究的最基本手段。根据现代分析科学理论计算得出，层析与电泳并列构成目前所知最好的两种分离方法。但是，因受各种因素的限制，目前电泳尚不能用于大规模生产的分离和纯化生物大分子的工作中，这就是人们把分离和纯化生物大分子的研究重点寄望于层析上的原因。

层析技术（Chromatography techniques）又称色谱技术，是一种基于被分离物质的物理、化学及生物学特性（主要指吸附能力、溶解度、分子大小、分子带电性质及大小、分子亲和力等）的差异，使其在某种基质中移动速度不同而将它们进行分离的技术。层析技术始于 20 世纪初，当时层析技术被用于分离提取色素。层析技术的最大特点是分离效果好，它能分离各种性质相类似的物质；并且既可用于少量物质的分析鉴定，又可用于大量物质的分离纯化制备。因此，作为一种重要的分析分离手段与方法，层析技术被广泛地应用于科学研究与工业生产上。

（一）层析技术的常用术语

1. 流动相

在层析过程中，推动固定相上待分离的物质朝着一个方向移动的液体、气体或超临界体等都称为流动相。在柱层析时，流动相又称洗脱剂；在纸层析与薄层层析时，流动相又称展层剂。

2. 固定相

固定相是由层析基质组成的，其基质包括固体物质（如吸附剂、凝胶、离子交换剂等）和液体物质（如固定在纤维素或硅胶上的溶液），这些物质能与待分离的化合物发生可逆性的吸附、溶解和交换作用等。

3. 层析

待分离的物质在固定相与流动相两个相中连续多次地进行分配、吸附或交换作用等，最终使混合物得以分离的过程称为层析。

4. 操作容量（交换容量）

在一定条件下，某种组分与基质（固定相）反应达到平衡时，存在于基质

上的饱和容量，称为操作容量（或交换容量）。一般以每克（或毫升）基质结合某种成分的毫摩尔数或毫克数来表示。

5. 外水体积、内水体积、柱床体积、洗脱体积

外水体积（V_o）是指层析柱中基质颗粒周围空间的体积，即基质颗粒间液体流动相的体积。内水体积（V_i）是指层析柱中所有基质颗粒中孔穴体积的总和。柱床体积（V_t）是指层析柱中膨胀后的基质在层析柱中所占有的体积，是基质的外水体积（V_o）和内水体积（V_i）的总和（$V_t = V_o + V_i$），洗脱体积（V_e）是指将样品中某一组分洗脱下来所需洗脱液的体积，即将样品中某一组分从柱顶部洗脱到底部的洗脱液中该组分浓度达到最大值时所需洗脱液的体积。

6. 排阻极限

排阻极限是指不能进入凝胶颗粒孔穴内部的最小分子的相对分子质量。例如，SephadexG-50 的排阻极限为 30 000，它表示相对分子质量大于 30 000 的分子都将直接从凝胶颗粒与凝胶颗粒之间的空隙被洗脱出来。

7. 膨胀度

在一定溶液中，单位重量的基质充分溶胀后所占有的体积称为膨胀度，即 1 g 基质溶胀后所具有的柱床体积。一般亲水性基质的膨胀度比疏水性的大。

8. 分配系数和迁移率

分配系数是指在一定的条件下，某种组分在固定相和流动相中含量（浓度）的比值，常用 K 来表示。迁移率（或比移值）是指在一定条件下，在相同的时间内，某一组分在固定相移动的距离与流动相本身移动距离之比值，常用 R_f 表示（$R_f \leq 1$）。

（二）层析技术的分类

层析技术的种类很多，可按不同的方法分类。

1. 根据固定相的形式分类

层析可以分为纸层析、薄层层析、柱层析等。纸层析是指以滤纸作为基质的层析。薄层层析是将基质在玻璃或塑料等光滑表面铺成一薄层，在薄层上进行层析。柱层析则是指将基质填装在管中形成柱形，在柱中进行层析。纸层析和薄层层析主要适用于小分子物质的快速检测分析和少量分离制备，通常为一次性使用，而柱层析是常用的层析形式，适用于样品分析、分离。生物化学中常用的凝胶层析、离子交换层析、亲和层析、高效液相色谱等都通常采用柱层析形式。

2. 根据流动相的形式分类

层析可以分为液相层析和气相层析。凡用液体作流动相，将待分离的物质从支持物洗脱下来的方法都属于液相层析；气相层析是指流动相为气体的层析，该类层析又可分为两类：气-固相吸附层析和气液分配层析。前者用固体吸附剂做

固定相，后者用某种液体做固定相。根据所用的柱管不同，气相层析又可分为填充柱气相层析和毛细管气相层析两类，前者用普通的不锈钢管或塑料管装柱，后者将固定相涂在毛细管壁上。气相层析测定样品时需要气化，大大限制了其在生化领域的应用，主要用于氨基酸、核苷酸、糖类、脂肪酸等小分子的分析鉴定。而液相层析是生物科学领域最常用的层析形式，适于生物样品的分析、分离。

3. 根据分配原理分类

（1）吸附层析。

吸附层析是以吸附剂为固定相，利用对不同物质吸附力的不同，同一种吸附剂作为支持物而使不同物质得到分离，该类层析为吸附层析。

（2）分配层析。

分配层析是根据在一个有两相同时存在的溶剂系统中，不同物质的分配系数不同而达到分离目的的一种层析技术。如 1941 年，A. J. P. Martin 和R. L. M. Synge 用含有一定量水的硅胶装柱，在柱上加入一定量的氨基酸混合液，通过氯仿连续洗脱柱子，最后将不同的氨基酸相互分开。这个实验就是一个典型的分配层析实验，其支持物是硅胶，固定相是水，流动相是氯仿。不同的氨基酸因在水-氯仿溶剂系统中的分配系数不同，故在洗脱过程中，不同的氨基酸在分配层析柱中迁移的速度不同，最终被分离。

（3）离子交换层析。

离子交换层析是以离子交换剂为固定相，根据物质的带电性质不同而进行分离的一种层析技术。它所使用的支持物或固定相是离子交换剂。由于离子交换剂上含有许多可解离的基团，这些基团解离后，离子交换剂的母体若带正电荷则为阴离子交换剂，反之为阳离子交换剂。阳离子交换剂可以和溶液中的阳离子进行交换，阴离子交换剂可以和溶液中的阴离子交换。同一种离子交换剂和溶液中不同离子的交换能力不同。当不同的离子在柱上进行洗脱时，它们各自在柱上移动的速度也不同，使之最后达到分离的目的。

（4）凝胶层析。

又称分子排阻层析，分子筛层析或凝胶过滤。凝胶层析是混合物随流动相经固定相（凝胶）的层析柱时，混合物中各组分按其相对分子质量大小不同而被分离的方法。

（5）亲和层析。

这是专门用于分离生物大分子的层析方法。亲和层析是一种根据生物分子和配体之间的特异性亲和力（如酶和抑制剂、抗体与抗原、激素和受体），将某种配体连接在载体上作为固定相，从而对能与配体特异性结合的生物分子进行分离的层析技术。亲和层析具有很高的分辨率，是目前分离生物分子最为有效的技术之一。用于亲和层析的理想载体常用均一的珠状颗粒，特别是琼脂糖和交联葡聚糖。选择配基的分子必须具有适当的化学基团，该基团不参与配基与生物分子的特异结合，但却可以用来连接配基与载体。因此，配基的选择应根据对纯化生物分子结构和特性的了解。

（6）薄层层析。

薄层层析是在玻璃板上涂布一层支持物，待分离样品点在薄层板一端，通过推动剂的作用，使各组分得到分离的物理方法。常用的支持物有：硅胶 G、硅胶 GF、硅藻土、氧化铝、纤维素、DEAE-纤维素、交联葡聚糖凝胶等。另外，根据分离物质的特性，可以选择不同的推动剂和显色剂。薄层层析设备简单，操作简便、快速。改变薄层厚度，既能做分析鉴定，又能做少量制备。配合薄层扫描仪，可以同时用于定性、定量分析，在生物化学领域是一类广泛应用的物质分离方法。

（三）柱层析的基本装置及操作

柱层析是一种将固定相装填于柱中而进行层析的方法。它是目前最常用的一种层析类型。柱层析的基本装置及操作方法简述如下。

1. 柱层析的基本装置

柱层析的基本装置有层析柱、恒流装置、检测装置与接收装置等（图10）。

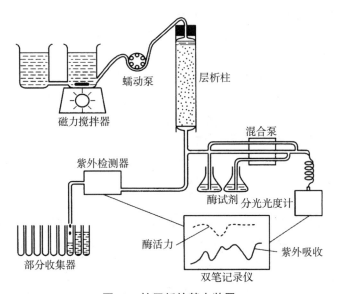

图10 柱层析的基本装置

（引自余冰宾，生物化学实验指导）

（1）层析柱。层析柱一般为玻璃管制成，其下端为细口，出口处带有玻璃烧结板或尼龙网。柱的直径和长度之比一般为1：（10~50）。

（2）恒流装置。常用的恒流装置是恒流泵，它可以产生均一的流速，并且流速是可调的。

（3）检测装置。较高级的柱层析装置一般都配置检测器（常见的检测器为核酸蛋白检测仪）和记录仪。

（4）接收装置。洗脱液的接收可以手工用试管一管一管接，不过最好使用部分收集器，这种仪器带有上百支试管，可准确定时换管，自动化程度很高。

2. 柱层析的基本操作

柱层析的操作过程包括以下一些步骤。

（1）基质的预处理。

有些层析方法所用的基质不能直接使用，需要进行预处理。各种基质的预处理方法有所不同，例如，离子交换剂需漂洗、酸碱反复浸泡等，凝胶则需要预先溶胀等。

（2）装柱。

为了得到成功的分离，装柱是最关键的一步。一般要求层析柱的填充要均匀，不能分层，柱子中不能有气泡等，否则需要重新装柱。装柱的具体步骤首先是选柱。柱子的选择是根据层析的基质和分离的目的而定，一般柱子的直径与长度比为 1∶（10~50），凝胶层析柱可以选 1∶（100~200），注意一定将柱子洗涤干净再装柱。

将层析用的基质（如吸附剂、树脂、凝胶等）在适当的溶剂或缓冲液中溶胀，并用适当浓度的酸（0.5~1 mol/L）、碱（0.5~1 mol/L）、盐（0.5~1 mol/L）溶液洗涤处理，以除去其表面可能吸附的杂质。然后用去离子水（或蒸馏水）洗涤干净并真空抽气，以除去其内部的气泡。

关闭层析柱出水口，装入 1/3 柱高的缓冲液，并将处理好的吸附剂等基质缓慢地倒入柱中，使其沉降约 3 cm 高。打开出水口，控制适当流速，使吸附剂等基质均匀沉降，并不断加入吸附剂等基质溶液，最后使柱中基质表面平坦并在表面上留有 2~3 cm 高的缓冲液，同时关闭出水口。这里要特别提示不能干柱、分层，并且在柱中不能有气泡，否则必须重新装柱。

柱子装的质量好与差，是柱层析法能否成功分离纯化物质的关键步骤之一。一般要求柱子装得要均匀，不能分层，柱子中不能有气泡等。否则要重新装柱。

（3）层析柱的平衡。

柱子装好后，要用所需的缓冲液（有一定的 pH 值和离子强度）平衡柱子。即用恒流泵在恒定压力、恒定的流速下过柱子（平衡与洗脱时的流速尽可能保持相同），平衡液体积一般为 3~5 倍柱床体积，以保证平衡后柱床体积稳定及基质充分平衡。如果需要，如凝胶层析可用蓝色葡聚糖-2000 在恒压下过柱，如色带均匀下降，则说明柱子是均匀的。有时柱子平衡好后，还要进行转型处理，这方面的内容将在离子交换层析中加以介绍。

（4）加样。

加样量的多少直接影响分离的效果。一般讲，加样量尽量少些，分离效果比较好。通常加样量应少于 20%（体积分数）的操作容量，体积应低于 5%（体积分数）的柱床体积，对于分析性柱层析，一般不超过柱床体积的 1%（体积分数）。当然，最大加样量必须在具体实验条件下经多次试验后才能决定。应注意的是，加样时应缓慢小心地将样品溶液加到固定相表面；尽量避免冲击基质，以保持基质表面平坦。详细操作见有关柱层析的实验。

（5）洗脱。

洗脱的方式可分为简单洗脱、分步洗脱和梯度洗脱 3 种。

① 简单洗脱。柱子始终用一种溶剂洗脱，直到层析分离过程结束为止。如果被分离物质对固定相的亲和力差异不大，其区带的洗脱时间间隔（或洗脱体积间隔）也不长，采用这种方法是适宜的，但选择的溶剂必须很合适方能使各组分得以分离。

② 分步洗脱。这种洗脱方式是用几种洗脱能力递增的洗脱液进行逐级洗脱。它主要针对混合物组成简单、各组分性质差异较大或需快速分离时适用，每次用一种洗脱液将其中一种组分快速洗脱下来。

③ 梯度洗脱。当混合物中组分复杂且性质差异较小时，一般采用梯度洗脱。它的洗脱能力是逐步连续增加的，梯度可以是浓度梯度、极性梯度、离子强度梯度或 pH 值梯度等。洗脱条件的选择，也是影响层析效果的重要因素。当对所分离的混合物性质了解较少时，一般先采用线性梯度洗脱的方式去尝试，但梯度的斜率要小一些，尽管洗脱时间较长，但对性质相近的组分分离更为有利。与此同时，也应注意洗脱时的速率。速率太快，各组分在固定相与流动相两相中平衡时间短，相互分不开，仍以混合组分流出；速率太慢，将增大物质的扩散，同样达不到理想的分离效果，要通过多次试验才能摸索出一个合适的流速。总之，必须经过反复的试验与调整，才能得到最佳的洗脱条件。另外，还应特别注意在整个洗脱过程中千万不能干柱，否则分离纯化将会前功尽弃。

（6）收集、鉴定及保存。

在生化实验中，一般都是采用部分收集器来收集分离纯化的物质。由于检测系统的分辨率有限，洗脱峰不一定能代表一个纯净的组分。因此，每管的收集量不能太多，一般 1~5 mL/管，如果分离的物质性质很相近，可降低至 0.5 mL/管，也可视具体情况而定。在合并一个峰的各管溶液之前，还要进行鉴定。例如，对于一个蛋白峰的各管溶液，先用电泳法对各管进行鉴定。如果是单条带的，认为已达到电泳纯，可合并在一起，否则就另行处理。对于不同种类的物质要采用其对应的鉴定方法。最后，为了保持所得产品的稳定性与生物活性，层析柱分离的样品一般采用透析除盐、超滤或减压薄膜浓缩等，再冷冻干燥，得到干粉，在低温下保存备用。

（7）基质的再生。

许多基质（吸附剂、离子交换剂或凝胶等）可以反复使用多次，所以层析后要回收处理，严禁乱倒乱扔。各种基质的再生方法可参阅具体层析实验及有关文献。

（四）薄层层析的基本装置及操作

它和柱层析一样，可适用于多种原理的层析技术，其优点是：①设备简单，操作容易；②层析展开时间短，只需数分钟到几小时；③灵敏度和分辨率高，受条件的影响小；④可使用腐蚀性的显色剂。

1. 薄层层析的基本装置

主要由玻璃板、层析缸和一些附件组成。玻璃板用市售的民用玻璃即可，按需要可切割成不同的规格。层析缸可以用专用层析缸，也可以用标本缸代替，甚至大口径试管也可以。附件如涂布器、喷雾器等。

2. 薄层层析的操作

（1）薄层的制作。

有两种方法：一种是不加黏合剂，将吸附剂干粉（如氧化铝、硅胶等）直接均匀铺在玻璃板上，通常称为软板，制作简单方便，但易被吹散；另一种是加黏合剂（如水或其他液体），将吸附剂调成糊状再铺板，经干燥后才能使用，通常称为硬板，制作较复杂，但易于保存。

（2）活化。

有的薄层在使用前需要活化。活化的过程是将薄层板置于烘箱中，让温度上升到100℃以上（具体根据基质决定），保持1 h。等烘箱温度降到室温后，取出薄层板放于干燥器中备用。

（3）点样。

样品溶液最好制成挥发性的有机溶液，可用内径约为1 mm毛细管点样。点样时轻轻接触板面，随即抬起，多次重复点样。点样同时可用冷、热风交替吹干，样点直径要小于2 mm。

（4）展层。

点好样的薄层板放入预先饱和的层析缸中，让点样端浸入展层剂中约0.5 cm处，密闭容器。当展层剂上升到离玻璃板另一端0.5~1.0 cm时，停止展层。取出板立即画出展层剂的前沿，然后迅速吹干。展层的方式很多，可分为下行式、上行式和卧式等。

（5）显色。

薄层展开后，如样品本身有颜色，就可以直接观察他们的斑点。对无色物质可采用喷雾显色加以辨认。不同物质的显色方法不同。

（6）定性测定。

根据斑点的中心位置计算迁移率（或比移值）：

$$R_f = \frac{\text{斑点中心到起始线（原点）的距离}}{\text{溶剂前沿到起始线（原点）的距离}}$$

将各斑点的 R_f 值与已知物质的 R_f 值比较，从而确定物质类型。

（五）凝胶层析

它是采用具有一定孔径大小，并且为网状结构的凝胶颗粒作为支持物的层析，相对分子质量大小不同的物质随着洗脱剂流过柱床时，相对分子质量小的物质易渗入凝胶颗粒内部，而形成流程长的状况，因而比相对分子质量大的物质迟流出层析柱，使分子量大小不同的物质得到分离（图11）。这种方法操作条件温和，适用于分离不稳定化合物；回收率接近100%；重复性好；分析、制备均可使用。凝胶过滤的缺陷为：①必须保证样品和洗脱机的黏度很低，以利于溶剂的有效移动和溶质分子在层析床中的自由扩散；②由于凝胶颗粒网络孔径的大小是非常有限的，所以可被纯化物质的相对分子质量范围受到限制。

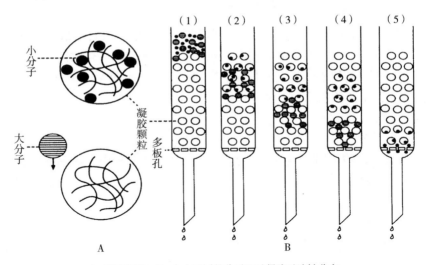

A. 凝胶颗粒；B. 大小不同的分子经过凝胶过滤被分离

图11　凝胶过滤分离蛋白质的原理

（引自《现代蛋白质实验技术》，2011）

凝胶过滤层析介质对被分离物质的排阻范围在 0%～100%。对不同化合物的排阻程度可以用有效分配系数 K_d 表示。K_d 值的大小和凝胶柱床的总体积（V_t）、外水体积（V_o）以及分离物本身的洗脱体积（V_e）有关，公式为：

$$K_d = （V_e - V_o）/（V_t - V_o）$$

有效分配系数 K_d 是判断分离效果的一个重要参数，同时也是测定蛋白质分子质量的一个依据。在相同层析条件下被分离物质 K_d 值差异越大，分离效果越好。反之，分离效果差或根本不能被分开。

在实验中，我们可以测出 V_e、V_t 及 V_o 的值，从而计算出 K_d 的大小。对于某一特定型号的凝胶，在一定的分子质量范围内，K_d 与 $\lg M$（M 表示物质的分子质量）呈线性负相关：

$$K_d = K_2 - K_1 \lg M$$

其中 K_1 和 K_2 为常数。

由于在限定的层析条件下，V_t 和 V_o 都是恒定值，而 V_e 是随着分离物分子质量的变化而改变。因此可以得到：

$$V_e = K_1' - K_2' \lg M$$

其中 K_1' 和 K_2' 为常数，即 V_e 与 $\lg M$ 也呈线性负相关。可以通过相同条件下在同一凝胶柱上分离多种已知分子质量的蛋白质，分别测出其洗脱体积 V_e，根据上述线性关系绘出标准曲线，然后用同一凝胶柱测出其他未知蛋白的洗脱体积 V_e，继而从标准曲线查出未知蛋白的分子质量。

与 SDS-PAGE 不同的是，凝胶过滤法测定的是天然蛋白质分子质量，而不是亚基分子质量。蛋白质分子形状会对凝胶过滤结果有明显影响，凝胶过滤法仅适合测定球状蛋白质的分子质量。在具体操作过程中，除了 280 nm 下对各管洗出液进行紫外测定、追踪蛋白质峰外，更要对目标蛋白质的特性（如酶活性、蛋白质亚基分子质量等）进行检测，以了解紫外吸收峰和目标蛋白质的关系。在很多情况下，峰值最高的样品并非是目标蛋白。

凝胶材料有很多，且都具备一定的共性，包括：①凝胶基质是化学惰性物质，离子基团含量少；②网眼和颗粒大小均匀，凝胶颗粒和网眼的大小选择范围广，机械强度高。现在最常用的凝胶过滤材料是葡聚糖凝胶、琼脂糖凝胶和聚丙烯酰胺凝胶等。

葡聚糖凝胶中最著名的是商品名为 Sephadex 的产品，它们由多个右旋葡萄糖单位通过 1,6-糖苷键联结成链状结构，再由 3-氯-1,2-环氧丙烷做交联剂，将葡萄糖长链联结起来，形成具有多孔网状的高分子化合物。其网孔大小取决于交联剂在葡聚糖凝胶中所占的百分数，即交联度。交联度越大，网孔越小。通过控制交联反应中交联剂的用量，就可以合成不同网孔的各种规格的葡聚糖制品。通常用 G 表示其型号。有多种型号，如 G-10、G-25、G-100、G-200 等。G 后面数字为得水值，为每克干胶吸水体积（mL）再乘以 10。如 G-100，即 1g G-100 干胶可吸 10 mL 水。同一种型号的葡聚糖凝胶，又有粗、中、细等不同直径的粒度。粒度越小，分离效果越好，但洗脱时间越长。一般超细颗粒用于薄层层析。通常柱层析选用 100~200 目颗粒的较多。不同型号的凝胶作用不同，Sephadex G-10 到 Sephadex G-50 通常用于分离肽或脱盐，Sephadex G-75 到 Sephadex

G-200 用于分离蛋白。

根据不同的目的选择适当的凝胶。若欲分离物是多聚糖或球蛋白，宜选择葡聚糖凝胶；若用于分离核酸、病毒等，宜用琼脂糖凝胶或聚丙烯酰胺凝胶。在进行凝胶过滤层析时，除选择好层析介质外，还要注意层析柱的长度和直径。如除去蛋白质溶液中的盐离子，柱床体积应为样品体积的 4~10 倍；如果是分离、鉴定蛋白质，柱床体积应为样品体积的 25~100 倍。柱太短，影响分离效果；柱太长，蛋白质峰会很宽，样品会稀释过度。层析柱的内径也要选择适当，内径过细，会发生"器壁效应"，即靠近管壁的流速要大于中心的流速，从而影响分离效果，所以层析柱的内径和高度应有一定的比例。用于蛋白质除盐的凝胶过滤，层析柱的内径和高度比例应为 1：（5~25）；对于分离、鉴定蛋白质的凝胶过滤，应为 1：（20~100）。

凝胶用量的计算根据凝胶的膨胀度、层析柱半径（r）和所需高度（h）。按下式计算干胶的用量：

$$干凝胶用量（g）= \frac{\pi r^2 h}{膨胀度}$$

因凝胶在处理时会有部分损失，用上式计算出的凝胶用量还需增加10%~20%。

二、凝胶过滤层析法测定蛋白质分子质量实验

（一）实验目的
掌握凝胶过滤层析法鉴定蛋白质分子质量的原理和技术要点；掌握柱层析的操作方法。

（二）实验原理
凝胶过滤层析（Geli-filtration chromatography）又称为分子筛层析（Molecular sieve chromatography）或排阻层析（Exclusion chromatography），是基于分子大小分离蛋白质的一种常见层析技术。凝胶过滤层析柱的填料为不溶于水，但能高度水化的珠状碳水化合物聚合体，如交联葡聚糖（Sephadex）。典型的凝胶珠直径为 0.1 mm，内部为充满水的网孔。将含有分子大小不同的蛋白质样品加到柱床表面，用缓冲液洗脱时，比凝胶珠网孔大的蛋白质不能进入凝胶珠内部，只从凝胶珠的间隙里通过，受到的阻滞作用小，经过的路径短，先被洗脱下来；比凝胶网孔小的蛋白质则容易进入凝胶颗粒内部，受到的阻滞作用大，经过的路径长，后被洗脱下来。

由于蓝色葡聚糖是被凝胶颗粒完全排阻的，所以它的洗脱体积就是外水体积（V_o）。各蛋白质的洗脱体积（V_e）与外水体积之比（V_e/V_o）和蛋白质的相对分子质量（M_r）的对数有线性关系。因此可利用一系列已知相对分子质量的标准

蛋白质，通过凝胶过滤，测得各自的 V_e 值。然后以 V_e/V_o 对 lgMr 作图，得到标准曲线。未知蛋白质通过凝胶过滤后，则可据其 V_e 值从标准曲线查得其 lgMr，从而计算其相对分子质量。

（三）材料、仪器和试剂

1. 材料

提纯的待测蛋白质样品。

2. 仪器

层析柱（2 cm ×60 cm）、蠕动泵、自动部分收集器、三角瓶、滴管、分析天平、紫外分光光度计、记录仪等。

3. 试剂

Sephadex G-25；Sephadex G-200；洗脱缓冲液（50 mmol/L Tris-HCl，pH值 7.5）；用 50 mmol/L Tris-HCl 缓冲液配制的各种标准蛋白溶液（浓度为 3 mg/mL）；5 mg/mL 蓝色葡聚糖。

（四）实验步骤

1. 凝胶处理

称取 4.5 g Sephadex G-200，放入 250 mL 锥形瓶中，加 150 mL 蒸馏水，沸水浴 5 h，冷至室温装柱。

2. 装柱与平衡

将处理好的凝胶悬浮液一次性倾入柱内，自然沉降。装胶高 50 cm 左右。注意不要有气泡，不能分层。用 50 mmol/L Tris-HCl（pH值 7.5）缓冲液平衡（约 200 mL），然后在胶面上加 1 cm 的硬胶 Sephadex G-25。

3. 标准曲线的制作

选择已知分子质量的标准蛋白（如细胞色素 C，相对分子质量 13 000；牛血清白蛋白，相对分子质量 68 000；鸡卵清蛋白，相对分子质量 45 000；胰凝乳蛋白酶原 A，相对分子质量 25 000）和待测样品控制在 2~10 mg/mL，相同条件下进行层析，收集洗脱组分。然后以各标准蛋白洗脱体积（V_e）为横坐标，以标准蛋白分子质量的对数（lg$M$）为纵坐标做标准曲线（图 12）。

4. 加样与洗脱

在与测定标准曲线相同的实验条件下，测定未知蛋白质样品的洗脱体积。上柱的蛋白质样品体积不宜过多，一般为床体积的 1%~5%，最多不要超过 10%。样品浓度也不宜过大，浓度过大将有拖峰现象，分离效果差，一般不超过 4%，上样 0.5 mL。

洗脱液应与凝胶膨胀时的缓冲液一致，否则要利用平衡过程更换洗脱液。洗脱液要有一定的离子强度和 pH值。用 50 mmol/L Tris-HCl（pH值 7.5）缓冲液洗脱，流速 0.5 mL/min。

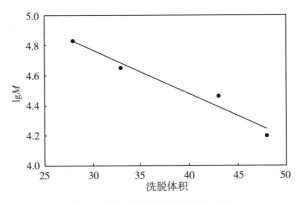

图 12 蛋白质分子质量标准曲线

5. 收集与测定

用自动部分收集洗脱液，并用电脑软件记录层析曲线，曲线中吸收峰最高点对应的横坐标为洗脱液体积。分别测定 4 种已知相对分子质量标准蛋白质的洗脱体积 V_e，和待测蛋白质的洗脱体积 V_e。

（五）实验结果与分析

以已知蛋白的相对分子质量对数 $\lg M$ 对 V_e 作图，得到标准曲线，并求出回归方程。将待测蛋白质的洗脱体积 V_e 代入回归方程计算其相对分子质量（表9、表10）。

表 9 标准蛋白洗脱时间、洗脱体积及相对分子质量

标准蛋白	洗脱时间（min）	洗脱体积（mL）	相对分子质量 M	$\lg M$
细胞色素 C	79.98	47.99	13 000	4.11
胰凝乳蛋白酶原 A	71.37	42.82	25 000	4.40
卵清蛋白	53.97	32.38	45 000	4.65
牛血清蛋白	46.45	27.87	68 000	4.83

表 10 依据标准曲线测定样品蛋白质分子质量

未知蛋白样品	洗脱时间（min）	洗脱体积（mL）	相对分子质量 M	$\lg M$
未知样品 1	46.45	27.87	69 502	4.842
未知样品 2	57.47	34.48	40 550	4.608
未知样品 3	59.59	43.36	36 728	4.565
未知样品 4	57.30	48.38	40 738	4.210

（六）凝胶的重复使用

当样品的各组分全部洗脱下来之后，即可加入新的样品，继续使用。凝胶柱长期保存常见方法有以下 3 种。

（1）液相保存。使用后的凝胶反复清洗干净后，于凝胶悬液中加入防腐剂，一般为 0.02% NaN_3 或 0.002% 洗必泰。此法最为简便，凝胶至少可以保存半年以上。

（2）半收缩状态保存。用完后先以水冲洗，然后用 60%~70% 酒精冲洗和保存。

（3）干燥保存。首先用水洗净，然后用含乙醇的水洗，逐渐加大乙醇用量，最后用 95% 的乙醇洗，再用乙醚去除乙醇，抽滤，于 60~80℃ 干燥后保存。

【思考题】

（1）凝胶过滤层析实验中常用的凝胶有哪些种类？各自有何特点？

（2）影响凝胶过滤层析分辨率的主要因素有哪些？

实验六、植物组织中可溶性糖的 硅胶 G 薄层层析

(一) 实验目的

糖类是自然界存在数量最多的有机化合物，它既是植物躯体和细胞的结构成分，又是生命活动能量的主要来源，并且与植物体内各类物质的代谢密切相关，分离鉴定植物组织中可溶性糖的种类及其变化，对了解植物体内的组织代谢和农产品的品质，具有重要意义。本实验采用硅胶 G 薄层层析法，分离鉴定植物组织中可溶性糖的种类，要求通过本实验，学习提取植物材料中可溶性糖的一般方法，掌握吸附薄层层析的原理、操作及其在糖类鉴定中的作用。

(二) 实验原理

植物组织中的可溶性糖可用一定浓度的乙醇提取出来，经除去杂质，即可获得较纯的可溶性糖混合物。

薄层层析是层析法的一种，层析法是利用被分离样品混合物中各组分的物理、化学差别，使各组分以不同程度分布在两个相中，这两个相通常是一个被固定在一定的支持物上的，称为固定相；另一个是移动的，称为流动相；当流动相流过固定相时，在移动过程中由于各组分在两相中的分配情况不同，或吸附性质不同，或电荷分布不同，或离子亲和力不同等，而以不同速度前进，从而达到分离的目的。

薄层层析是一种快速而微量的层析方法，它是将一种固定支持物均匀地涂在薄板上，对物质进行层析的方法。本实验采用吸附薄层层析，即所有支持物是吸附剂（如硅胶粉），层析时，主要是根据吸附剂对样品中各组分的吸附能力不同，因此各组分的移动速度不同，从而达到分离混合物的目的。

糖为多羟基化合物，具有较强的极性，在硅胶 G 薄板上展层时，糖与硅胶分子有一定的吸附力。硅胶分子与糖的吸附能力大小取决于糖的分子量和羟基数目，不同的糖分子由于分子量及羟基数的不同，因而它与硅胶分子间的吸附力不同。造成各种糖分子在展层过程中移动的距离不同，从而将各种糖分离出来，一般吸附力的大小为：三糖>双糖>己糖>戊糖。其中各种糖移动的速率可用 R_f 值表示。通过与标准糖的 R_f 值比较，即可鉴定出植物组织提取液中糖的种类。

(三) 材料、仪器和试剂

1. 材料

阿克苏红富士苹果或其他植物材料。

2. 仪器

离心机及离心管、天平、研钵、量筒（25 mL）、移液管（10 mL）、恒温水浴锅、毛细管、层析缸、吹风机、烘箱、喷雾器、烧杯、铅笔、尺子、硅胶GF254薄层层析板。

3. 试剂

展开剂（氯仿：冰醋酸：水＝30：35：5，体积比）。

1%标准糖溶液（10 mg/mL）：木糖、葡萄糖、果糖、蔗糖等。

显色剂：2 mL苯胺，10 mL 85%磷酸，2 g二苯胺，1 mL浓盐酸，100 mL丙酮，溶解后混匀。

（四）操作步骤

1. 硅胶板活化

硅胶板120℃烘箱烘干30 min。

2. 苹果中可溶性糖提取液的制备

取洗净的苹果削去果皮，称3 g果肉在研钵中研成匀浆后，倒在双层洗净的纱布上。包起置于漏斗，用干净玻璃棒将果汁压出。取果汁1 mL于离心管中，加无水乙醇3 mL，充分混匀后，在3 000 r/min下离心20 min，上清液即为可溶性糖提取液。

3. 苹果提取液中可溶性糖的分离鉴定

取活化后的硅胶G板一块，距底边1.5 cm水平线上确定5个点，相互间隔1 cm，其中4个点分别点上5%的木糖、葡萄糖、果糖、蔗糖标准溶液数滴，另一点点上苹果提取液数滴。在用毛细管点样时，毛细管应垂直于硅胶G板的方向点样（图13），而且毛细管接触G板的时间应尽量短，否则点样斑点直径难以控制，点样量20～30 μL，分次滴加，使点扩散后的直径不超过3 mm。

4. 展层

将点样后的薄层板置于密闭的薄层层析缸中（图14），用新配制的展开剂，采用上行法展层，至展开剂距薄层板的上端约1 cm时取出，用吹风机吹干。

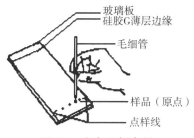

图13　硅胶G板点样

图14　氯仿-甲醇薄层层析装置

5. 显色

把一块薄板放在通风橱内，采用苯胺–二苯胺–磷酸显色剂均匀喷雾，然后于85℃烘箱中烘10~30 min，各种糖即显示出不同色斑。与标准糖比较，根据斑点颜色及R_f值即可鉴定出苹果提取液中所存在的可溶性糖的种类（表11）。

表11 显色剂处理后不同单糖显现的颜色

单糖	颜色
葡萄糖	蓝紫
半乳糖	蓝紫
果糖	橙红
木糖	蓝绿
鼠李糖	绿

（五）实验结果与分析

精确量出原点至溶剂前沿，原点到各斑点中心的距离，计算出它们的R_f值。根据标准糖的颜色和R_f值，鉴定出样品中糖的种类，并绘出层析图谱。

$$R_f = \frac{原点至斑点中心的距离}{原点至展开剂前沿的距离}$$

（六）注意事项

（1）点样时，要注意点样点不能太大，操作时，应待第一次点样风干后，再在原点样点上继续点样，少量多次点样。

（2）每个点样点不宜距离太近，点样点不宜靠近硅胶板边缘，注意边缘效应。

（3）放置硅胶板时，不能碰着层析缸的内壁。

（4）在用多元系统进行展层时，其中极性较弱的和沸点较低的溶剂（例如氯仿–甲醇系统中的氯仿）在薄层板的两边易挥发。因此，它们在薄层两边的浓度比在中部的浓度小，即在薄层的两边比中部含有更多的极性较大或沸点较高的溶剂，于是位于薄层两边的R_f值要比中间的高，即所谓"边缘效应"。为减轻或消除边缘效应，可先将展开剂导入层析缸中，使层析缸内溶剂蒸汽的饱和程度增加。

实验七、蛋白质的两性性质及等电点测定

一、蛋白质沉淀技术

蛋白质溶液由于具有水化层与双电层两方面的稳定因素，所以作为胶体系统是相对稳定的，但是这种稳定性是有条件的、相对的。如果加入适当的试剂使蛋白质分子处于等电点状态或失去水化层（消除相同电荷，除去水膜），蛋白质胶体溶液就不再稳定并将产生沉淀。

蛋白质在溶液中靠水膜和电荷保持其稳定性，水膜和电荷一旦除去，蛋白质溶液的稳定性就被破坏，蛋白质就会从溶液中沉淀下来，此现象即为蛋白质的沉淀作用。其基本原理是根据不同物质在溶剂中的溶解度不同而达到分离目的，不同溶解度的产生是由于溶质分子之间及溶质与溶剂分子之间亲和力的差异而引起的，溶解度的大小与溶质和溶剂的化学性质及结构有关，溶剂组分的改变或加入某些沉淀剂，以及改变溶液的 pH 值、离子强度和极性，都会使溶质的溶解度产生明显的改变。

目前，蛋白质沉淀技术的应用主要集中在物质的分离纯化（如蛋白质的分离纯化、核酸的纯化等）中，同时在蛋白食品生产（如腐竹、奶制品等）、抢救误服重金属盐中毒的病人、实验样品的处理（如 Folin-Wu 法测血糖实验中无蛋白血滤液制备）、蛋白质两性解离现象观察及等电点测定等实验中都有所应用。下面将蛋白质沉淀技术中常用的沉淀方法作一介绍。

根据沉淀条件及所得到的蛋白质能否重新溶于水等，蛋白质沉淀作用又分为可逆沉淀和不可逆沉淀两类。

（一）可逆沉淀

在温和条件下，通过改变溶液的 pH 值或电荷状况，使蛋白质从胶体溶液中沉淀分离。在沉淀过程中，结构和性质都没有发生变化，在适当的条件下，可以重新溶解形成溶液，所以这种沉淀又称为非变性沉淀。可逆沉淀是分离和纯化蛋白质的基本方法，如等电点沉淀法、盐析法和有机溶剂沉淀法等。

1. 盐析

在蛋白质的水溶液中，加入大量高浓度的强电解质盐（如硫酸铵、氯化钠、硫酸钠等），可破坏蛋白质分子表面的水化层，中和它们的电荷，因而使蛋白质沉淀析出，这种现象称为盐析。而低浓度的盐溶液加入蛋白质溶液中，会导致蛋白质的溶解度增加，该现象称为盐溶。

　　盐析作用是由于当盐浓度较高时，盐离子与水分子作用，使水的活度降低，原来溶液中大部分的自由水转变为盐离子的水化水，从而降低蛋白质极性基团与水分子之间的作用，破坏蛋白质分子表面的水化层；同时由于较高浓度的中性盐含有大量的与蛋白质所带相反的电荷，从而中和蛋白质分子表面的净电荷。

　　不同的蛋白质分子，由于其分子表面的极性基团的种类、数目以及排布的不同，其水化层厚度不同，故盐析所需要的盐浓度也不一样，因此调节蛋白质中盐的浓度，可以使不同的蛋白质分别沉淀，这种现象称为分段盐析。比如向血清中加入 50% 饱和度的硫酸铵可以将球蛋白沉淀析出，加入 100% 饱和度的硫酸铵可以将清蛋白沉淀析出。

　　盐析法是最常用的蛋白质沉淀方法，该方法不会使蛋白质产生变性。

　　2. 弱酸或弱碱沉淀法（等电点沉淀）

　　蛋白质是两性电解质，其溶解度与其净电荷数量有关，随溶液 pH 值变化而变化。在溶液 pH 值等于蛋白质等电点时，蛋白质的溶解度最小，从而蛋白质有可能聚集沉淀。弱酸或弱碱沉淀法主要是破坏蛋白质表面净电荷。

　　不同的蛋白质有不同的等电点，因此通过调节溶液 pH 值到目的蛋白的等电点，可使之沉淀而与其他蛋白质分开，从而除去大量杂蛋白。

　　利用等电点除杂蛋白时必须了解制备物对酸碱的稳定性，不要盲目操作。等电点法常与盐析法、有机溶剂沉淀法等方法联合使用，以提高其沉淀能力。

　　3. 有机溶剂沉淀法

　　在蛋白质溶液中，加入能与水互溶的有机溶剂（如乙醇、丙酮等），蛋白质产生沉淀。主要是由于与水互溶的极性有机溶剂能降低水的介电常数，使蛋白质分子表面可解离基团的离子化程度减弱，水化程度降低，促进蛋白质分子的聚集沉淀；同时极性有机溶剂与蛋白质争夺水化水，而使蛋白质分子沉淀。

　　注意：有机溶剂沉淀法的操作与硫酸铵盐析法相似，盐析法需要注意的事项在这里同样适用，此外，还有几点需要注意。

　　① 低温下操作：由于有机溶剂加入水溶液时产生的放热反应容易引起生化成分的变性，因此需要把有机溶剂事先预冷至 -10℃，且整个操作都要在低温下进行。例如酒精消毒灭菌就是如此，但若在低温条件下，则变性进行较缓慢，可用于分离制备各种血浆蛋白质。

　　② 有机溶剂沉淀宜在稀盐溶液或低浓度缓冲液中进行：适量的中性盐能增加生化成分在有机溶剂中的溶解度，并能减少有机溶剂引起的变性，提高分离效果，一般情况下添加 0.05 mol/L 的中性盐。

　　③ 多价金属阳离子作用：有些生化成分可与多价金属阳离子形成复合物，降低蛋白质在有机溶剂中的溶解度，这样就可以减少有机溶剂的用量。

（二）不可逆沉淀

在强烈沉淀条件下，不仅破坏了蛋白质胶体溶液的稳定性，而且也破坏了蛋白质的结构和性质，产生的蛋白质沉淀不可能再重新溶解于水。由于沉淀过程发生了蛋白质的结构和性质的变化，所以又称为变性沉淀。如加热沉淀（次级键）、强酸碱沉淀（影响电荷）、重金属盐沉淀（Hg^{2+}、Pb^{2+}、Cu^{2+}、Ag^+）和生物碱试剂或某些酸类沉淀等都属于不可逆沉淀。

1. 重金属盐沉淀

当 pH 值稍大于 pI 时，蛋白质颗粒带负电荷，这样就容易与重金属离子结合成不溶性盐而沉淀。临床上利用蛋白质能与重金属盐结合的这种性质，抢救误服重金属盐中毒的病人，给病人口服大量蛋白质，如牛奶、蛋清等，然后用催吐剂将结合的重金属盐呕吐出来解毒。

重金属沉淀的蛋白质常是变性的，但若在低温条件下，并控制重金属离子浓度，也可用于分离制备不变性的蛋白质。

2. 生物碱试剂沉淀法

生物碱是植物组织中具有显著生理作用的一类含氮的碱性物质，能够沉淀生物碱的试剂称为生物碱试剂，如单宁酸、苦味酸、三氯乙酸等。在酸性条件下，由于蛋白质带正电，可以与生物碱试剂的酸根离子结合而产生沉淀。例如，"柿石症"的产生就是由于空腹吃了大量的柿子，柿子中含有大量的单宁酸，使肠胃中的蛋白质变性凝固而成为不能被消化的"柿石"。

3. 加热变性沉淀法

几乎所有的蛋白质都因加热变性而凝固。少量盐促进蛋白质加热凝固，当蛋白质处于等电点时，加热凝固最完全和最迅速。

利用蛋白质热稳定性不同的特点，使蛋白质组分之间得以分离，同时使蛋白质与水及其他可溶物分离，此法常用于组织化植物蛋白的生产，例如腐竹的生产就是利用大豆蛋白的热变性而分离的原理。

二、蛋白质的两性性质及等电点测定实验

（一）实验目的

掌握蛋白质等电点测定的原理和方法；理解蛋白质的两性性质。

（二）实验原理

蛋白质是两性电解质。蛋白质分子中可以解离的基团除 N-端 α-氨基与 C-端 α-羧基外，还有肽链上某些氨基酸残基的侧链基团，如酚基、巯基、胍基、咪唑基等基团，它们都能解离为带电基团。因此，在蛋白质溶液中存在着下列平衡。

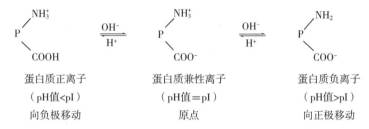

蛋白质正离子　　　　　蛋白质兼性离子　　　　蛋白质负离子
（pH值<pI）　　　　　（pH值=pI）　　　　　（pH值>pI）
向负极移动　　　　　　　原点　　　　　　　　向正极移动

调节溶液的 pH 值使蛋白质分子的酸性解离与碱性解离相等，即所带正负电荷相等，净电荷为零，此时溶液的 pH 值称为蛋白质的等电点。在等电点时，蛋白质溶解度最小，溶液的浑浊度最大，配制不同 pH 值的缓冲液，观察蛋白质在这些缓冲液中的溶解情况即可确定蛋白质的等电点。

（三）材料、仪器和试剂

1. 材料

酪蛋白。

2. 仪器

试管架、试管、刻度吸管、胶头吸管等。

3. 试剂

（1）1 mol/L 乙酸。吸取 99.5% 乙酸（比重 1.05）2.875 mL，加水至 50 mL。

（2）0.1 mol/L 乙酸。吸取 1 mol/L 乙酸 5 mL，加水至 50 mL。

（3）0.01 mol/L 乙酸。吸取 0.1 mol/L 乙酸 5 mL，加水至 50 mL。

（4）0.2 mol/L NaOH。称取 NaOH 2 g，加水至 50 mL，配成 1 mol/L NaOH。然后量取 1 mol/L NaOH 10 mL，加水至 50 mL，配成 0.2 mol/L NaOH。

（5）0.2 mol/L 盐酸。吸取 37.2%（比重 1.19）盐酸 4.17 mL，加水至 50 mL，配成 1 mol/L 盐酸。然后吸取 1 mol/L 盐酸 10 mL，加水至 50 mL，配成 0.2 mol/L 盐酸。

（6）0.01% 溴甲酚蓝绿指示剂。称取溴甲酚绿 0.005 g，加 0.29 mL 1 mol/L NaOH，然后加水至 50 mL［酸碱指示剂，pH 值变色范围 3.8（黄色）~5.4（蓝色）］。

（7）0.5% 酪蛋白。称取酪蛋白（干酪素）0.25 g 放入 50 mL 容量瓶中，加入约 20 mL 水，再准确加入 1 mol/L NaOH 5 mL，当酪蛋白溶解后，准确加入 1 mol/L 乙酸 5 mL，最后加水稀释定容至 50 mL，充分摇匀。

（四）操作步骤

1. 酪蛋白的两性反应

（1）取一支试管，加 0.5% 酪蛋白 1 mL，再加溴甲酚蓝绿指示剂 4 滴，摇匀。此时溶液呈蓝色，无沉淀形成。

（2）用胶头滴管慢慢加入 0.2 mol/L 盐酸，边加边摇直到有大量的沉淀生成。此时溶液是 pH 值接近酪蛋白的等电点。观察溶液颜色的变化。

（3）继续滴加 0.2 mol/L 盐酸，沉淀会逐渐减少以至消失。观察此时溶液的颜色变化。

（4）滴加 0.2 mol/L NaOH 进行中和，沉淀又出现。继续滴加沉淀又逐渐消失。观察此时溶液的颜色变化。

2. 酪蛋白等电点的测定

（1）取同样规格的试管 7 支，按表 12 精确地加入下列试剂。

表 12　酪蛋白等电点的测定加样表

试剂（mL）	管号						
	1	2	3	4	5	6	7
1 mol/L 乙酸	1.6	0.8	0	0	0	0	0
0.1 mol/L 乙酸	0	0	4.0	1.0	0	0	0
0.01 mol/L 乙酸	0	0	0	0	2.5	1.25	0.62
H_2O	2.4	3.2	0	3.0	1.5	2.75	3.38
溶液的 pH 值	3.5	3.8	4.1	4.7	5.3	5.6	5.9

（2）充分摇匀，然后向以上各试管依次加入 0.5% 酪蛋白 1 mL，边加边摇，摇匀后静置 5 min，观察各管的浑浊度，用-、+、++、+++ 等符号表示各管的浑浊度，将结果记录于实验结果与分析的相关表格中（表 13）。根据混浊度判断酪蛋白的等电点（表 14）。最混浊的一管的 pH 值即为酪蛋白的等电点。

（五）实验结果与分析

1. 酪蛋白的两性反应

表 13　酪蛋白的两性反应结果记录表

操作	结果及分析	
	实验结果	简要分析
在酪蛋白溶液中加入指示剂		
滴入 HCl 至出现大量沉淀		
继续滴入 HCl		
滴入 NaOH 溶液		
继续滴入 NaOH 溶液至沉淀溶解		

2. 酪蛋白等电点的测定

表 14　酪蛋白等电点的测定结果登记表

结果	管号						
	1	2	3	4	5	6	7
沉淀出现的多少							

（六）注意事项

该实验要求各种试剂的浓度和加入量必须准确，实验中应严格按照定量分析的操作规范要求进行。

【思考题】

1. 解释蛋白质两性反应中颜色及沉淀变化的原因。

2. 根据实验观察结果，指出哪一支试管的 pH 值是酪蛋白的等电点，在等电点时蛋白质的溶解度为什么最低？请结合你的实验结果和蛋白质的胶体性质加以说明。

实验八、南疆地方品种羊组织中
核酸的提取与鉴定

一、离心技术

(一) 离心技术原理

离心是指将悬浮于溶液中的样品装入离心管中，在一定的离心力作用下，样品中各溶质颗粒由于其大小、形状和密度的差异而彼此分离的过程。主要用于各种生物样品的分离和制备。在生物化学和分子生物学研究领域，离心技术已得到十分广泛的应用。

当一个粒子（生物大分子或细胞器）在高速旋转下受到离心力作用时，此离心力"F"由下式定义，即

$$F = m \cdot \alpha = m \cdot \omega^2 r$$

式中：α——粒子旋转的加速度，m/s^2；

$\quad\quad m$——沉降粒子的有效质量，kg；

$\quad\quad \omega$——粒子旋转的角速度，rad/s；

$\quad\quad r$——粒子的旋转半径，cm。

通常离心力常用地球引力的倍数来表示，因而称为相对离心力"RCF"。相对离心力是指在离心场中，作用于颗粒的离心力相当于地球重力的倍数，单位是重力加速度"g"（980 cm/s）。例如 25 000 ×g，则表示相对离心力为 25 000。此时"RCF"相对离心力可用下式计算。

$$RCF = \frac{\omega^2 r}{980} \omega = \frac{2\pi \times rpm}{60}$$

$$RCF = 1.12 \times 10^{-5} \times (rpm)^2 r$$

（rpm, revolutions perminute 每分钟转数，r/min）

由上式可见，只要给出旋转半径，则 RCF 和 rpm 之间可以相互换算。但是由于转头的形状及结构的差异，使每台离心机的离心管，从管口至管底的各点与旋转轴之间的距离是不一样的，即沉降颗粒在离心管中所处位置不同，所受离心力也不同。所以在计算时规定旋转半径均用平均半径"r_{av}"代替：$r_{av} =$（$r_{最小}$ + $r_{最大}$）/2。$r_{最小}$ 和 $r_{最大}$ 的测量方法见图 15。为了便于换算，在上述公式的基础上制作出离心机转速与离心力的转化图（图 16）。

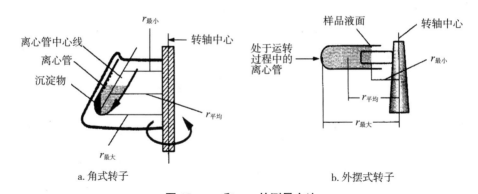

图 15 $r_{最小}$ 和 $r_{最大}$ 的测量方法

(引自蒋立科和杨婉身，现代生物化学实验技术)

一般情况下，低速离心时常以转速"rpm"来表示，高速离心时则以"g"表示。"g"可以更真实地反映颗粒在离心管内不同位置的离心力及其动态变化。

（二）离心机

因离心机的转速不同，可分为普通离心机、高速离心机及超速离心机。

1. 普通离心机

最大转速 6 000 r/min 左右，最大相对离心力近 6 000×g，容量为几十毫升至几升，分离形式是固液沉降分离，转子有角式和外摆式，其转速不能严格控制，通常不带冷冻系统，于室温下操作，用于收集易沉降的大颗粒物质，如红细胞、酵母细胞等。使用这种离心机时应注意样品热变性和离心管平衡。

2. 高速离心机

最大转速为 20 000~25 000 r/min，最大相对离心力为 89 000×g，最大容量可达 3 L，离心室的温度可以调节和维持在 0~4℃，通常用于微生物菌体、细胞碎片、大细胞器、硫铵沉淀和免疫沉淀物等的分离纯化，但不能有效地沉降病毒、小细胞器（如核蛋白体）或单个分子。使用时应使离心管精确平衡。

3. 超速离心机

转速可达 25 000~80 000 r/min 或更高，相对离心力最大可达 510 000×g，离心容量由几十毫升至 2 L。与高速离心机的主要区别是超速离心机装有真空系统。分离的形式是差速沉降分离和密度梯度区带分离，离心管平衡允许的误差要小于 0.1 g。超速离心机的出现，使生物科学的研究领域有了新的扩展，它能使过去仅仅在电子显微镜观察到的亚细胞器得到分级分离，还可以分离病毒、核酸、蛋白质和多糖等。

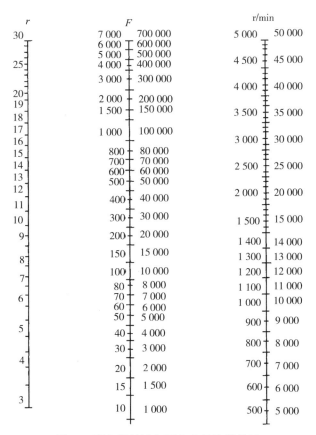

图 16　离心机转速与离心力的换算关系

注：r 为离心机转头的半径（角头），或离心管中轴底部内壁到离心转轴中心的距离，单位为 cm。r/min 为离心机每分钟的转速。F 为离心力，以地心引力即重力加速度的倍数表示，一般用 g 表示，g=9.806 m/s²。

（三）常用离心技术

1. 沉淀离心

少量溶液与沉淀的混合物可用离心机进行离心分离，以代替过滤，操作简单而迅速。

离心操作完毕后，取出离心试管，再用一小胶头滴管从离心试管中慢慢吸出溶液，移去。这样反复数次，尽可能把溶液移去，留下沉淀。注意胶头滴管插入的深度以尖端不接触沉淀为限。

如要洗涤试管中存留的沉淀，可由洗瓶挤入少量蒸馏水，用玻璃棒搅拌，再进行离心沉降后按上法将上层清液尽可能地吸尽，重复洗涤沉淀 2~3 次。

2. 差速离心

差速离心是指逐渐增加离心速度或低速和高速交替进行离心，使沉降速度不同的颗粒在不同的离心速度及不同离心时间下分批分离的方法。此法一般用于分离沉降系数相差较大的混合样品，是目前实验室应用最广泛的一种离心方法。

差速离心首先要选择好颗粒沉降所需的离心力和离心时间。当以一定的离心力在一定的离心时间内进行离心时，在离心管底部就会得到最大和最重颗粒的沉淀。分出的上清液在加大转速下再进行离心，又得到第二部分较大较重颗粒的沉淀及含较小和较轻颗粒的上清液，如此多次离心处理，即能把液体中的不同颗粒较好地分离开。此法所得的沉淀是不均一的，仍含有其他成分，需经过 2~3 次再悬浮和再离心，才能得到较纯的颗粒。

此法特点是：具有操作简便，离心后上清液通过倾倒法即可与沉淀分开，并可使用容量较大的角式转子等优点。但是分离效果差，不能一次得到纯颗粒，须多次离心；管壁效应严重，特别是颗粒较大、提取液黏度较高时，会在管壁的一侧出现沉淀；沉淀于管底的颗粒受挤压，容易变性失活。主要适用于从组织匀浆液中分离细胞器和病毒，在差速离心中细胞器沉降的顺序依次为：核、线粒体、溶酶体与过氧化物酶体、内质网与高尔基体，最后为核蛋白体。

3. 密度梯度离心

密度梯度离心（简称区带离心），是将样品加在惰性梯度介质中进行离心沉降或沉降平衡，在一定的离心力下把颗粒分配到梯度中某些特定位置上，形成不同区带的分离方法。

该法又分为速率区带离心法和等密度区带离心法。

速率区带离心法主要用于分离密度相近而大小不等的细胞或细胞器。这种沉降方法所采用的介质密度较低，介质的最大密度应小于被分离生物颗粒的最小密度。在离心过程中，生物颗粒在十分平缓的密度梯度介质中按各自的沉降系数以不同的速度沉降而达到分离。离心必须在沉降最快的大颗粒到达管底前结束，因此，此离心法必须控制好离心时间。梯度介质通常用蔗糖溶液，其最大密度和浓度可达 1.28 kg/cm^3 和 60%。

等密度区带离心法适用于分离密度不等的颗粒。细胞或细胞器在连续梯度的介质中经足够大离心力和足够长时间则沉降或漂浮到与自身密度相等的介质处，并停留在那里达到平衡，从而将不同密度的细胞或细胞器分离。分离效率取决于样品颗粒的浮力密度差，密度差越大，分离效果越好，与颗粒大小和形状无关，但大小和形状决定着达到平衡的速度、时间和区带宽度。等密度区带离心法介质梯度形成方法有预形成梯度和离心形成梯度两种，所用的梯度介质通常为氯化铯，其密度可达 1.7 g/cm^3。此法可分离核酸、亚细胞器等，也可以分离复合蛋白质，但不适用于简单蛋白质。

收集区带的方法有许多种，例如，用注射器和滴管由离心管上部吸出；用针刺穿离心管底部滴出；用针刺穿离心管区带部分的管壁，把样品区带抽出；用一根细管插入离心管底，泵入超过梯度介质最大密度的取代液，将样品和梯度介质压出，用自动部分收集器收集等。

此法的优点是：分离效果好，可一次获得较纯颗粒；适应范围广，能像差速离心法一样分离具有沉降系数差的颗粒，又能分离有一定浮力密度差的颗粒；颗粒不会挤压变形，能保持颗粒活性，并防止已形成的区带由于对流而引起混合。

此法的缺点是：需要制备惰性梯度介质溶液；离心时间较长；操作严格，不易掌握。

二、南疆地方品种羊组织中核酸的提取与鉴定实验

（一）实验目的

掌握从南疆地方品种羊组织中提取核酸的基本原理和方法。

（二）实验原理

1. 核酸提取原理

核酸和蛋白质是构成生物有机体的主要成分。核酸分为 DNA（脱氧核糖核酸）和 RNA（核糖核酸）。在细胞中，DNA 与蛋白质形成脱氧核糖核蛋白，RNA 与蛋白质形成核糖核蛋白。在提取过程中这两种核蛋白会混合在一起。可用20%三氯醋酸沉淀出核蛋白，再用95%乙醇加热除去附着在沉淀上的脂类杂质，然后用10%氯化钠从核蛋白中分离出核酸（钠盐形式），此核酸钠盐加入冰乙醇可以被沉淀析出。

2. 核酸鉴定原理

析出的核酸（DNA 与 RNA）均由单核苷酸组成，在单核苷酸中含有磷酸、有机碱（嘌呤与嘧啶）和戊糖（核糖、脱氧核糖）。析出的核酸加入 5%硫酸并沸水浴即可完全水解，用下述方法可鉴定其水解液中是否含有这三类物质。

（1）磷酸。用钼酸铵与之作用可生成磷钼酸，磷钼酸可被还原性抗坏血酸还原形成蓝色钼蓝。

（2）嘌呤碱。用硝酸银与之反应生成灰褐色的絮状嘌呤银化合物。

（3）戊糖。

核糖：用硫酸使之生成糠醛，糠醛与 3,5-二羟甲苯缩合而成为绿色化合物。

脱氧核糖：脱氧核糖在硫酸作用下生成 β,ω-羟基-γ-酮基戊糖，后者与二苯胺作用生成蓝色化合物。

（三）材料、仪器和试剂

1. 材料

南疆地方品种羊肝脏。

2. 仪器

组织捣碎机（或玻璃匀浆器）、移液管、离心机、离心管、玻璃棒、天平、烧杯、带塞长玻管、恒温水浴锅、试管、小滴管。

3. 试剂

（1）钼酸铵试剂。钼酸铵 2.5 g 溶于 20 mL 蒸馏水中，再加入 10 mol/L 硫酸 30 mL，用蒸馏水稀释至 100 mL。

（2）0.9% NaCl、10% NaCl。

（3）20% 三氯醋酸。

（4）95% 乙醇。

（5）3,5-二羟甲苯溶液。取盐酸 100 mL，加入三氯化铁 100 mg 及 3,5-二羟甲苯 100 mg，混合溶解后，置于棕色瓶中保存（临用前配制）。

（6）二苯胺试剂。取 1 g 二苯胺溶于 100 mL 冰乙酸中，加入 2.75 mL 浓硫酸，摇匀，置于棕色瓶中保存（临用前配制）。

（7）5% 硫酸。

（8）10% 抗坏血酸。

（9）浓氨水。

（10）5% AgNO$_3$。

（四）操作步骤

1. 匀浆的制备

羊屠宰后，迅速开腹取出肝脏，称其重量，加入等量预先冷却的 0.9% NaCl 溶液，放入组织捣碎机中捣成匀浆。

2. 分离提取

（1）将 5 mL 匀浆置于离心管中，立即加入 20% 三氯醋酸 5 mL，用玻璃棒搅匀，静置 3 min 后，以 3 000 r/min 离心 10 min。

（2）弃上清液，在沉淀中加入 95% 乙醇 5 mL，用玻璃棒搅匀，然后用一个带塞长玻管塞紧离心管口，在沸水中加热至沸，回馏 2 min（注意回馏时不要让管内液体溢出），取出待冷却后，以 2 500 r/min 离心 10 min。

（3）弃上清液，将离心管倒置在滤纸上，使液体控干，然后在沉淀中加入 10% NaCl 溶液 4 mL，在沸水浴中加热 8 min（用玻璃棒不断搅拌），取出待冷却后，以 2 500 r/min 离心 10 min。

（4）将上层清液倒入一个干净的离心管中量取体积，然后逐滴加入等体积的、在冰浴中冷却的 95% 乙醇，此时可见有白色沉淀逐渐出现，静置 10 min 后，以 3 000 r/min 离心 10 min，即得核酸的白色钠盐沉淀。

3. 核酸的水解

弃上清液，向含有核酸的白色钠盐沉淀的离心管中加入 5% 硫酸 4 mL，用玻璃棒搅匀，然后用带塞长玻管塞紧离心管口，在沸水浴中回馏 15 min。

4. DNA 与 RNA 成分的鉴定

（1）磷酸的鉴定。取 2 支试管，按表 15 操作并记录实验现象。

表 15　磷酸鉴定结果记录表

试管	水解液	5%硫酸	钼酸铵试剂	10%抗坏血酸	实验现象
测定管	10 滴	–	5 滴	20 滴	
对照管	–	10 滴	5 滴	20 滴	

（2）嘌呤碱的鉴定。取 2 支试管，按表 16 操作并记录实验现象。

表 16　嘌呤碱鉴定结果记录表

试管	水解液	5%硫酸	浓氨水	5%$AgNO_3$	实验现象
测定管	20 滴	–	6 滴	10 滴	
对照管	–	20 滴	6 滴	10 滴	

（3）核糖的鉴定。取 2 支试管，按表 17 操作并记录实验现象（将两支试管同时放入沸水浴中加热 10 min）。

表 17　核糖鉴定结果记录表

试管	水解液	5%硫酸	3,5-二羟甲苯试剂	实验现象
测定管	4 滴	–	6 滴	
对照管	–	4 滴	6 滴	

（4）脱氧核糖的鉴定。取 2 支试管，按表 18 操作并记录实验现象（将两支试管同时放入沸水浴中加热 10 min）。

表 18　脱氧核糖鉴定结果记录表

试管	水解液	5%硫酸	二苯胺试剂	实验现象
测定管	20 滴	–	40 滴	
对照管	–	20 滴	40 滴	

（五）实验结果与分析

准确如实描述上述观察到的实验现象，结合实验原理和自己具体操作过程加以分析说明，并附上自己实验结果的彩色照片。

（六）注意事项

（1）尽量简化操作步骤，缩短提取过程，以减少各种有害因素对核酸的破坏。

（2）核酸在剧烈的化学、物理因素或酶的作用下很容易降解，因此制备核酸时的操作条件要求低温，避免过酸、过碱或机械剪切力对核酸链中磷酸二酯键的破坏。

（3）为防止细胞内外的各种核酸酶对核酸的生物降解，提取过程除保持低温操作外，必要时可加入抑制剂，如柠檬酸盐、氟化物、砷酸盐、EDTA 等抑制核酸酶的活性。

（4）沉淀核酸通常使用冰乙醇。也可用异丙醇，其沉淀完全、速度快，但常把盐沉淀下来。

【思考题】

1. 根据核酸在细胞内的分布、存在方式及其特性，提取过程中可以采取什么相应的措施？

2. 离心机在使用过程中有哪些注意事项？

实验九、新疆黑果枸杞 DNA 的提取与测定

一、CTAB 法提取黑果枸杞叶片 DNA

（一）实验目的

掌握 CTAB 法从植物叶片提取 DNA 的原理和方法。

（二）基本原理

CTAB（十六烷基三甲基溴化铵）是一种阳离子去污剂，可以溶解细胞膜，与核酸结合形成在高盐环境下可溶的复合物。该复合物在高离子强度（0.7 mol/L）的溶液中是可溶的，通过离心可将复合物与蛋白质、多糖类物质分开。在酚仿变性的条件下，去除残留的 CTAB 和蛋白质等杂质，然后利用异戊醇或无水乙醇将 DNA 分子从上清溶液中沉淀出来，最后用 TE 缓冲液溶解 DNA。

（三）材料、器材与试剂

1. 材料

黑果枸杞新鲜叶片。

2. 仪器

离心机（配备 1.5 mL 转头，转速大于 10 000 r/min）、离心管、离心管架、研钵、恒温水浴锅、移液器、磁力搅拌器、灭菌锅、4℃冰箱、-20℃冰箱。

3. 试剂

（1）M Tris-HCl（pH 值 8.0）。

称取 Tris-Base 121 g，加入约 800 mL 水在磁力搅拌器上搅拌，使其充分溶解后加入浓盐酸调 pH 值至 8.0 后加水定容至 1 000 mL，灭菌（121℃，15 min）后于室温保存。

（2）0.5 M EDTA（pH 值 8.0）。

称取 EDTA-Na$_2$ 盐 187 g 加入约 800 mL 水，在磁力搅拌器上边搅拌边加入固体 NaOH，当 EDTA 和 NaOH 均完全溶解，溶液变清时其 pH 值刚好达到 8.0 左右，再用 pH 值试纸略加调整即可，灭菌（121℃，15 min）后于室温保存。

（3）5.0 M NaCl。

称取 NaCl 300 g，加入蒸馏水约 800 mL 于磁力搅拌器上充分搅拌，约 5 min 后停止搅拌，静止 2~3 min，倒出上清液，再加入 100 mL 蒸馏水重复前面的步骤，直到 NaCl 充分溶解后定容至 1 000 mL，灭菌（121℃，15 min）后于室温保存。

（4）CTAB Buffer。

DNA Buffer 灭菌后于室温下保存 3 个月左右，使用时取适量 Buffer 按 2% 比例（每 100 mL Buffer 加入 2 g CTAB）加入 CTAB，65℃水浴锅中充分溶解；在通风橱里加入 1% 的巯基乙醇（现配现用）。

（5）酚：氯仿：异戊醇（25：24：1）。

先配制氯仿：异戊醇（24：1），500 mL 氯仿中加入 21 mL 异戊醇，混匀，棕色瓶中常温保存。Tris-饱和酚与氯仿：异戊醇（24：1）以 1：1 的比例等体积混合，棕色瓶中 4℃冰箱保存，使用时取下层。

（6）TE 缓冲液（100 mL）。

1 mol/L 的 TrisHCl（pH8.0）1 000 μL，0.5mol/L 的 EDTA（pH8.0）200 μL，最后加 ddH$_2$O 定容到 100 mL。

（7）70%酒精。

（四）操作步骤

（1）在 CTAB 缓冲液中加入 β-巯基乙醇（终浓度为 0.2%），使用前 65℃预热。

（2）称取 50 mg 黑果枸杞叶片组织，液氮研磨成粉末，装入预冷的 2 mL 离心管中。

（3）加入 500 μL CTAB Buffer，颠倒混匀，然后在 65℃水浴锅中温浴 60 min，隔 15 min 取出上下轻轻颠倒几次。

（4）冷却至室温，加入 500 μL 苯酚：氯仿：异戊醇（25：24：1），上下颠倒混匀 10 min 以上，然后 10 000×g 离心 10 min。

（5）吸取上清液转至另一 1.5 mL 离心管中，加入 60 μL 5 M NaCl，再加入 -20℃冰冻无水乙醇 1 mL，轻轻颠倒数次，混合均匀后冰冻 30 min 以沉淀 DNA。

（6）然后 10 000×g 离心 5 min，弃上清液，加入 1 mL 70%酒精洗涤 10 min，10 000×g 离心 10 min，弃酒精之后在工作台上风干 DNA，加入 120 μL TE 缓冲液溶解 DNA。

（五）实验结果与分析

280 nm、320 nm、230 nm、260 nm 下的吸光度分别代表了核酸、背景（溶液浑浊度）、盐浓度和蛋白等有机物的值，质量较好的核酸理论上应为：A230：A260：A280=1：2（DNA 为 1.8）：1。

提取后立即检测：A230：A260：A280。

（六）注意事项

（1）样品过多或者去除杂质步骤太少会影响 DNA 纯度质量，可适当减少组织样品量，或者重复苯酚：氯仿：异戊醇（25：24：1）抽提步骤。

（2）风干 DNA 步骤不宜过干，否则 DNA 不容易溶解。

二、DNA 含量测定（紫外吸收法测定核酸的含量）

（一）实验目的

（1）学习紫外分光光度法测定核酸含量的原理和操作方法。

（2）熟悉紫外分光光度计的基本原理和使用方法。

（二）基本原理

核酸、核苷酸及其衍生物的分子结构中的嘌呤、嘧啶碱基具有共轭双键，它们能强烈吸收 250~280 nm 波长的紫外光。核酸（DNA，RNA）的最大紫外吸收值在 260 nm 波长处。所以可通过测定核酸在 260 nm 波长处的吸光度值来计算核酸的含量。在不同 pH 值溶液中嘌呤、嘧啶碱基互变异构的情况不同，紫外吸收光也随之表现出明显的差异，它们的摩尔消光系数也随之不同。所以，在测定核酸物质时均应在固定的 pH 值溶液中进行。

核酸的摩尔消光系数（或吸收系数），通常以 ε（ρ）来表示，即每升含有一摩尔核酸磷的溶液在 260 nm 波长处的消光值（即光密度，或称为光吸收）。核酸的摩尔消光系数不是一个常数，而是依赖于材料的前处理、溶液的 pH 值和离子强度发生变化。它们的经典数值（pH 值 = 7.0）如下。

DNA 的 ε（ρ）= 6 000~8 000；

RNA 的 ε（ρ）= 7 000~10 000。

小牛胸腺 DNA 钠盐溶液（pH 值 = 7.0）的 ε（ρ）= 6 600，DNA 的含磷量为 9.2%，含 1 μg/mL DNA 钠盐的溶液光密度为 0.020。RNA 溶液（pH 值 = 7.0）的 ε（ρ）= 7 700~7 800，RNA 的含磷量为 9.5%，含 1 μg/mL RNA 溶液的光密度为 0.022~0.024。采用紫外分光光度法测定核酸含量时，通常规定：在 260 nm 波长下，浓度为 1 μg/mL 的 DNA 溶液其光密度为 0.020，而浓度为 1 μg/mL 的 RNA 溶液其光密度为 0.024。因此，测定未知浓度的 DNA（RNA）溶液的光密度 $OD_{260\ nm}$，即可计算出其中核酸的含量。

该法简单、快速、灵敏度高，如 3 μg/mL 的核酸含量即可测出。对于含有微量蛋白质和核苷酸等吸收紫外光物质的核酸样品，测定误差较小，若样品内混杂有大量的上述吸收紫外光物质，测定误差较大，应设法事先除去。

（三）材料、仪器与试剂

1. 材料

黑果枸杞新鲜叶片。

2. 仪器

紫外分光光度计、离心机、离心管、分析天平、冰箱、容量瓶、移液管。

3. 试剂

（1）核酸样品 DNA 或 RNA。

（2）5%～6%氨水。用25%～30%氨水稀释5倍。

（3）钼酸铵–过氯酸试剂。取 3.6 mL 70%过氯酸和 0.25 g 钼酸铵溶于 96.4 mL 蒸馏水。

（四）操作步骤

1. 核酸样品纯度的测定

（1）样品溶液的配制。准确称取待测的核酸样品 0.5 g，加少量蒸馏水调成糊状，再加 30 mL 蒸馏水，用 5%～6%氨水调至 pH 值=7，然后用蒸馏水定容至 50 mL。

（2）取 2 支离心管，甲管内加入 2 mL 样品溶液和 2 mL 蒸馏水；乙管内加入 2 mL 样品溶液和 2 mL 钼酸铵–过氯酸沉淀剂（以除去大分子核酸，作为对照）。混匀，在冰浴（或冰箱）中放置 30 min，然后以 3 000 r/min 离心 10 min。从甲、乙两管中分别取 0.5 mL 上清液放入 50 mL 容量瓶，用蒸馏水定容，选用光程为 1 cm 的石英比色杯，在 260 nm 波长下测其光密度。

2. 核酸溶液含量的测定

当待测的核酸样品中含有酸溶性核苷酸或可透析的低聚多核苷酸，在测定时需要加钼酸铵–过氯酸沉淀剂，沉淀除去大分子核酸，测定上清液 260 nm 处光密度作为对照。

取 2 支离心管，每管各加入 2 mL 待测的核酸溶液，再向甲管内加 2 mL 蒸馏水，向乙管内加 2 mL 沉淀剂。混匀，在冰浴（或冰箱）中放置 10 min，3 000 r/min 离心 10 min。将甲、乙两管清液分别稀释至光密度在 0.1～1.0。选用光程为 1 cm 的石英比色杯，在 260 nm 波长下测其光密度 $OD_{260\,nm}$。

（五）结果计算

1. 核酸样品纯度的计算

$$\text{DNA（RNA）}（\mu g/mL）=\frac{（\text{甲}OD_{260\,nm}-\text{乙}OD_{260\,nm}）\times100}{0.020（\text{或}0.024）\times\text{样品浓度}}\times\text{稀释倍数}$$

$$\text{上式中样品浓度}=\frac{0.5\ g}{50\times\dfrac{4}{2}\times\dfrac{50}{0.5}\ （mL）}=50（\mu g/mL）$$

2. 核酸溶液含量的计算（μg/mL）

$$\text{DNA（或 RNA）含量}（\mu g/mL）=\frac{\text{甲}OD_{260\,nm}-\text{乙}OD_{260\,nm}}{0.020（\text{或}0.024）}\times\text{稀释倍数}$$

（六）注意事项

（1）如果待测的核酸样品不含酸溶性核苷酸或可透析的低聚多核苷酸，则可将样品配制成一定浓度的溶液（20～50 μg/mL），在紫外分光光度计上直接测定。

（2）DNA、RNA 稀释或溶解时最好用无菌双蒸水以防止降解。

【思考题】

1. 采用紫外光吸收法测定核酸样品的含量，有何优缺点？

2. 若样品中含有核苷酸类杂质，应如何排除？

实验十、淀粉酶动力学性质观察与活性测定

一、淀粉酶动力学性质观察

（一）实验目的
（1）了解环境因素对酶活性的影响。
（2）掌握酶定性分析的方法和注意事项。

（二）实验原理
酶是具有催化功能的生物催化剂，具有极高的催化效率，其催化效率比一般催化剂高 $10^6 \sim 10^{13}$。酶的催化作用易受环境温度的影响。在最适温度范围内，酶促反应速度最快。高于或低于最适温度时，反应速度逐渐降低。温度过高会使酶蛋白变性，导致酶失活。

酶活性易受环境 pH 值的影响。通常各种酶只有在一定的 pH 值范围才表现出活性。在最适 pH 值时，酶活性达到最高，过酸或过碱都会使酶活性降低，或失去酶活性。唾液淀粉酶的最适 pH 值为 6.8。

酶活性还受激活剂和抑制剂的影响，激活剂能使酶的活性增加；抑制剂能使酶活性降低。值得注意的是，激活剂和抑制剂不是绝对的，有些物质在低浓度时为某种酶的激活剂，而在高浓度时则为该酶的抑制剂。例如，0.9% 的氯化钠是唾液淀粉酶的激活剂，但氯化钠达到 1/3 饱和度时就可抑制唾液淀粉酶的活力。

本实验以唾液淀粉酶为材料来观察环境因素对酶活性的影响情况。唾液中含有 α-淀粉酶，淀粉在该酶的催化作用下会随时间的变化而发生不同程度的水解，用碘液可以指示淀粉的水解程度，如下图所示。

淀粉 $\xrightarrow{\text{淀粉酶}}$ 紫色糊精 $\longrightarrow$ 暗褐色糊精 $\xrightarrow{\text{淀粉酶}}$ 红色糊精 $\xrightarrow{\text{淀粉酶}}$ 麦芽糖+少量葡萄糖

加碘后： 蓝色 　　紫红色 　　暗褐色 　　红棕色 　　黄色（碘本身颜色）

（三）材料、仪器和试剂
1. 材料
唾液。
2. 仪器
恒温水浴锅、试管、烧杯、滴管、白瓷板、三角瓶、计时器、移液枪。
3. 试剂
唾液淀粉酶液：先用水漱口，然后取蒸馏水 10 mL 含入口中，轻轻漱动

30 s，将口中的蒸馏水收集于小烧杯中，用纱布过滤，即为唾液淀粉酶原液。

1.0%淀粉溶液；

碘液；

1.0% $CuSO_4$ 溶液；

0.9% NaCl 溶液；

pH 值 3.8、6.8 和 8.0 的缓冲溶液：配法见表 19。

表 19 pH 值 3.8、6.8 和 8.0 的缓冲溶液的配制

缓冲溶液	A 液：0.2 mol/L Na_2HPO_4 溶液（mL）	B 液：0.1 mol/L 柠檬酸溶液（mL）
pH 值 3.8	71.0	129.00
pH 值 6.8	145.5	54.5
pH 值 8.0	194.5	5.5

（四）操作步骤

1. 温度对酶活性的影响

取 3 支试管编号，按表 20 操作。

表 20 温度对酶活性的影响操作表

试剂	1	2	3
唾液淀粉酶（mL）	1	1	1
pH 值 6.8 的缓冲溶液（mL）	2	2	2
1.0%淀粉溶液（mL）	2	2	2
温度预处理 5 min	0℃	37℃	100℃

取出试管，冷水冷却，向各管滴加碘液 1~3 滴。混匀，观察并解释各管的实验现象。

2. pH 值对酶活力的影响

取 3 支试管编号，按表 21 操作。

表 21 pH 值对酶活力的影响操作表

试剂	1	2	3
pH 值 3.8 的缓冲溶液（mL）	3	–	–
pH 值 6.8 的缓冲溶液（mL）	–	3	–
pH 值 8.0 的缓冲溶液（mL）	–	–	3
1.0%淀粉溶液（mL）	1	1	1
唾液淀粉酶（mL）	1	1	1

将各试管溶液混匀，37℃水浴保温 5 min，每隔 30 s 从 2 号试管中取出 1 滴溶液置白瓷板上，加碘液检查淀粉水解程度，待溶液不再变色时，取出所有试管。

3. 酶的激活剂和抑制剂对酶活性的影响

取 3 支试管编号，按表 22 操作。

表 22　酶的激活剂和抑制剂对酶活性的影响操作表

试剂	1	2	3
0.9%NaCl 溶液（mL）	1	–	–
1.0%CuSO₄ 溶液（mL）	–	1	–
蒸馏水（mL）	–	–	1
1.0% 淀粉溶液（mL）	1	1	1
唾液淀粉酶（mL）	1	1	1

将各试管溶液混匀，在 37℃ 水浴中保温，每隔 1 min 从 1 号试管中取出 1 滴溶液置白瓷板上，用碘液检查淀粉水解程度，直至 1 号试管的溶液遇碘不再变色时，取出所有试管，观察并解释各管的现象。

（五）实验结果与分析

将各个试管的反应变化填写在操作步骤的表格中，并对实验现象进行针对性的分析。

（六）注意事项

（1）每个人的唾液淀粉酶活力存在差异，在检查反应进行情况时，应根据反应的快慢，适当稀释唾液淀粉酶。通过 37℃ 水浴保温计时，反应时间最好在 8~15 min。

（2）为确保 pH 值对酶活性影响实验的效果，应先加试剂，然后再加唾液淀粉酶液。

（3）各管试剂加完后必须充分摇匀，加唾液淀粉酶时应从第一管开始加起，每管间隔 5~7 s。

（4）加入酶液后，务必充分摇匀，保证酶与全部淀粉液接触反应，才能得到理想的颜色梯度变化结果。

（5）碘化钾–碘液不要过早地加到白色瓷盘上，以免碘液挥发，影响显色效果。

【思考题】

1. 联系实验结果及所学理论，说明 pH 值对酶活性的影响有什么规律和实际意义。

2. 抑制剂与变性剂有何不同？试举例说明。

3. 激活剂可分哪几类？NaCl、硫酸铜属于哪种类型？

4. 通过以上几个酶学实验，总结酶有哪些特性，影响酶活性的因素有哪些，在实际应用中应注意哪些问题。

二、小麦籽粒萌发时淀粉酶的提取及活力测定

（一）实验目的

学习和掌握测定淀粉酶（包括 α-淀粉酶和 β-淀粉酶）活力的原理和方法。

（二）实验原理

淀粉是植物最主要的贮藏多糖，也是人和动物的重要食物和发酵工业的基本原料。淀粉经淀粉酶作用后生成葡萄糖、麦芽糖等小分子物质而被机体利用。淀粉酶主要包括 α-淀粉酶和 β-淀粉酶两种。α-淀粉酶可随机地作用于淀粉中的 α-1,4-糖苷键，生成葡萄糖、麦芽糖、麦芽三糖、糊精等还原糖，同时使淀粉的黏度降低，因此又称为液化酶。β-淀粉酶可从淀粉的非还原性末端进行水解，每次水解下一分子麦芽糖，又被称为糖化酶。淀粉酶催化产生的这些还原糖能使 3,5-二硝基水杨酸还原，生成棕红色的 3-氨基-5-硝基水杨酸。

淀粉酶活力的大小与产生的还原糖的量成正比。用标准浓度的麦芽糖溶液制作标准曲线，用比色法测定淀粉酶作用于淀粉后生成的还原糖的量，以单位重量样品在一定时间内生成的麦芽糖的量表示酶活力。

淀粉酶存在于几乎所有植物中，特别是萌发后的禾谷类种子，淀粉酶活力最强，其中主要是 α-淀粉酶和 β-淀粉酶。两种淀粉酶特性不同，α-淀粉酶不耐酸，在 pH 值 3.6 以下迅速钝化。β-淀粉酶不耐热，在 70℃ 15 min 钝化。根据它们的这种特性，在测定活力时钝化其中之一，就可测出另一种淀粉酶的活力。本实验采用加热的方法钝化 β-淀粉酶，测出 α-淀粉酶的活力。在非钝化条件下测定淀粉酶总活力（α-淀粉酶活力+β-淀粉酶活力），再减去 α-淀粉酶的活力，就可求出 β-淀粉酶的活力。

（三）材料、仪器和试剂

1. 材料

萌发的小麦种子（芽长约 1 cm）。

2. 仪器

离心机、离心管、研钵、电炉、50 mL 容量瓶、100 mL 容量瓶、恒温水浴、20 mL 具塞刻度试管 13 个、试管架，刻度吸管：2 mL×3、1 mL×2、10 mL×1，分光光度计。

3. 试剂

（1）麦芽糖标准溶液（1 mg/mL）：称取 100 mg 麦芽糖，蒸馏水溶解并定容至 100 mL。

（2）3,5-二硝基水杨酸试剂：称取 3,5-二硝基水杨酸 1 g，溶于 20 mL 2 mol/L NaOH 溶液中，加入 50 mL 蒸馏水，再加入 30 g 酒石酸钾钠，待溶解后用蒸馏水定容至 100 mL。盖紧瓶塞，勿使 CO_2 进入。若溶液混浊可过滤后使用。

（3）0.1 mol/L pH 值 5.6 的柠檬酸缓冲液。

A 液（0.1 mol/L 柠檬酸）：称取 $C_6H_8O_7 \cdot H_2O$ 计 21.01 g，蒸馏水溶解并定容至 1 L。

B 液（0.1 mol/L 柠檬酸钠）：称取 $Na_3C_6H_5O_7 \cdot 2H_2O$ 计 29.41 g，蒸馏水溶解并定容至 1 L。

取 A 液 55 mL 与 B 液 145 mL 混匀，即为 0.1 mol/L pH 值 5.6 的柠檬酸缓冲液。

（4）1% 淀粉溶液：称取 1 g 淀粉溶于 100 mL 0.1 mol/L pH 值 5.6 的柠檬酸缓冲液中。

（四）操作步骤

1. 麦芽糖标准曲线的制作

取 7 支干净的具塞刻度试管，编号，按表 23 加入试剂。

表 23　麦芽糖标准曲线制作

试　剂	管号						
	1	2	3	4	5	6	7
麦芽糖标准溶液（mL）	0.0	0.2	0.6	1.0	1.4	1.8	2.0
蒸馏水（mL）	2.0	1.8	1.4	1.0	0.6	0.2	0.0
麦芽糖含量（mg）	0.0	0.2	0.6	1.0	1.4	1.8	2.0
3,5-二硝基水杨酸（mL）	2.0	2.0	2.0	2.0	2.0	2.0	2.0
	摇匀，沸水浴 5 min，流水冷却，蒸馏水定容至 20 mL						
吸光度（$OD_{520\,nm}$）							
麦芽糖含量（mg）	0	0.2	0.6	1.0	1.4	1.8	2.0

以 1 号管作为空白调零点，在 520 nm 波长下比色测定吸光度。以麦芽糖含量为横坐标，吸光度为纵坐标，绘制标准曲线。

2. 淀粉酶液的制备

称取 1 g 萌发 3 d 的小麦种子（芽长约 1 cm），置于研钵中，加入少量石英砂和 2 mL 蒸馏水，研磨成匀浆。将匀浆转入 100 mL 容量瓶中，定容，放置 15min 后过滤，滤液为淀粉酶原液（酶液 I），用于 α-淀粉酶活力测定。即淀粉酶原液总体积为 100 mL。

吸取上述淀粉酶原液 10 mL，放入 50 mL 容量瓶中，用蒸馏水定容至刻度，摇匀，即为淀粉酶稀释液，用于淀粉酶总活力的测定。即淀粉酶稀释液的稀释倍数是 5（说明：稀释倍数=50 mL/10 mL=5）。

3. 酶活力的测定

取 6 支干净的具塞刻度试管，编号，按表 24 进行操作。

表 24 小麦芽淀粉酶活力测定加样表

操作项目	α-淀粉酶活力测定			（α 淀粉酶+β 淀粉酶）活力测定		
	1-1	1-2	1-3	2-4	2-5	2-6
淀粉酶原液（mL）	1.0	1.0	1.0	0.0	0.0	0.0
钝化 β-淀粉酶	70℃水浴 15 min，冷却					
淀粉酶稀释液（mL）	0.0	0.0	0.0	1.0	1.0	1.0
3,5-二硝基水杨酸（mL）	2.0	0.0	0.0	2.0	0.0	0.0
预保温	将各试管和 1%淀粉溶液分别置于 40℃恒温水浴中保温 10 min					
1%淀粉溶液（mL）	1.0	1.0	1.0	1.0	1.0	1.0
保温	40℃恒温水浴中准确保温 5 min					
3,5-二硝基水杨酸（mL）	0.0	2.0	2.0	0.0	2.0	2.0
	摇匀，沸水浴 5 min，流水冷却，用蒸馏水定容至 20 mL，摇匀					
吸光度（$OD_{520\,nm}$）						

以 1-1 号管作为调零管，测定 1-2 和 1-3 管 520 nm 处的吸光度，并计算平均值，记为 A_α；以 2-4 号管作为调零管，测定 2-5、2-6 管 520 nm 处的吸光度，并计算平均值，记为 $A_总$。从标准曲线上查出和相对应的麦芽糖含量 X（mg）。

（五）结果计算

（1）按下列公式计算 α-淀粉酶的活力。

$$α-淀粉酶活力=\frac{标曲上查的麦芽糖含量×淀粉酶原液总体积（mL）}{酶活力测定淀粉酶原液体积（mL）×样品重（g）×酶促反应时间（min）}$$

（2）按下式计算（α+β）淀粉酶总活力。

$$（α+β）淀粉酶活力=\frac{标曲上查的麦芽糖含量×淀粉酶原液总体积（mL）×稀释倍数}{酶活力测定淀粉酶原液体积（mL）×样品重（g）×酶促反应时间（min）}$$

（3）β-淀粉酶活力=（α+β）淀粉酶总活力-α-淀粉酶活力

备注：淀粉原液总体积为 100 mL，稀释倍数为 5（即 50 mL/10 mL=5），酶促反应时间为 5 min，样品重为 1 g，酶活力测定淀粉酶原液体积为 1 mL。

（六）注意事项

（1）样品提取液的定容体积和酶液稀释倍数可根据不同材料酶活性的大小而定。

（2）为了确保酶促反应时间的准确性，在进行保温这一步骤时，可以将各试管每隔一定时间依次放入恒温水浴，准确记录时间，到达 5 min 时取出试管，立即加入 3,5-二硝基水杨酸以终止酶反应，以便尽量减小因各试管保温时间不同而引起的误差。同时恒温水浴温度变化应不超过±0.5℃。

【思考题】

1. 为什么要将 1-1、1-2、1-3 号试管中的淀粉酶原液置 70℃ 水浴中保温 15 min？

2. 为什么要将各试管中的淀粉酶原液和 1% 淀粉溶液分别置于 40℃ 水浴中保温？

实验十一、新疆大叶苜蓿中过氧化氢酶活力测定

（一）实验目的

掌握过氧化氢酶活力测定的原理和方法。

（二）基本原理

过氧化氢酶普遍存在于植物的各种组织中，其活力大小与植物的代谢强度和抗寒、抗病能力有一定联系，是植物体内的保护酶之一，体内许多生理代谢过程都与它的活性有关。

过氧化氢酶能把过氧化氢分解成水和氧气，其活力大小是以一定时间内，一定量的酶所分解的过氧化氢量来表示。被分解的过氧化氢量可用碘量法间接测定。当酶促反应进行一定时间后，终止反应，然后以钼酸铵作催化剂，使未被分解的过氧化氢与碘化钾反应放出游离碘，再用硫代硫酸钠滴定碘。其反应为：

$$过氧化氢酶催化反应：2H_2O_2 \rightarrow 2H_2O + O_2$$

$$H_2O_2 + 2KI + H_2SO_4 \rightarrow I_2 + K_2SO_4 + 2H_2O$$

$$I_2 + 2Na_2S_2O_3 \rightarrow 2NaI + Na_2S_4O_6$$

反应结束后，以样品溶液和空白溶液的滴定值之差，求出被酶分解的过氧化氢量，即可计算出酶的活力。

（三）材料、仪器与试剂

1. 材料

新疆大叶苜蓿鲜叶片。

2. 仪器

天平、研钵、容量瓶、恒温水浴、移液管、三角瓶、滴定管。

3. 试剂

（1）0.02 mol/L 硫代硫酸钠溶液。

（2）1.8 mol/L 的硫酸溶液。

（3）20%的碘化钾溶液。

（4）0.01 mol/L 的过氧化氢溶液。

（5）1%的淀粉溶液。

（6）10%的钼酸铵溶液。

（7）石英砂。

（四）操作步骤

1. 酶液提取

称取新鲜叶片 1 g，剪碎置研钵中，加入少许石英砂和 2 mL 蒸馏水，快速研磨成匀浆，用漏斗移入 100 mL 的容量瓶，研钵用少量蒸馏水冲洗，冲洗液一并移入容量瓶中，然后用蒸馏水定容。摇荡片刻，静置 10 min，过滤，吸取滤液 10 mL 至另一个 100 mL 容量瓶中，加蒸馏水定容，摇匀后备用。

2. 样品测定

（1）取 4 只 100 mL 三角瓶编号，向各瓶准确加入稀释后的酶液 10 mL，立即在 3 号、4 号瓶中加入 1.8 mol/L 硫酸 5 mL 以终止酶的活性，作为空白对照。各瓶均加入 5 mL 0.01 mol/L 过氧化氢溶液，每加一瓶即摇匀并准确记时 5 min，然后立即向 1、2 号瓶各加 5 mL 1.8 mol/L 硫酸溶液，以终止酶的活性。

（2）各瓶分别加入 1 mL 20% 的碘化钾溶液和 3 滴钼酸铵溶液，摇匀，然后依次用 0.02 mol/L 的硫代硫酸钠滴定，滴定至溶液呈淡黄色，然后加入 5 滴 1% 的淀粉溶液，摇匀，再继续滴定至蓝色消失，即到终点，记录各瓶消耗硫代硫酸钠的体积。

（五）结果计算

1. 习惯算法

被分解的 H_2O_2 量（mg）=（空白滴定量-样品滴定值）$\times N \times 1/2 \times 34.02$

$$H_2O_2 \text{酶活性} = \frac{\text{被分解的 } H_2O_2 \text{（mg）} \times \text{酶液稀释倍数}}{\text{样品重（g）} \times \text{时间（min）}}$$

式中：N——表示硫代硫酸钠的摩尔浓度。

　　34.02——表示过氧化氢的摩尔质量。

2. 国际酶学单位（U）算法

被分解的 H_2O_2 量（μmol）= $1/2 \times V_{Na_2S_2O_3}$（空白滴定值-样品滴定值）$\times N \times 10^3$

$$H_2O_2 \text{酶活力（U）} = \frac{\text{被分解的过氧化氢量（μmol）} \times \text{酶液稀释倍数}}{\text{时间（min）} \times \text{样品重（g）}}$$

（六）注意事项

（1）在提取酶液的过程中，需要充分研磨，使酶从组织细胞中释放出来。

（2）酶促反应极快，加入酶液后应立即摇匀并准确计时。

【思考题】

1. 测定酶活性要注意控制哪些条件？

2. 本实验的酶活性测定是如何设置对照的？

实验十二、King 氏法测定兔血清转氨酶活性

（一）实验目的

（1）掌握 King 氏法测定血清转氨酶活性的原理和方法。

（2）了解测定血清转氨酶的临床意义。

（二）实验原理

转氨基作用是在转氨酶的催化下，α-氨基酸的氨基转移到 α-酮酸的酮基位置上，生成相应的氨基酸与酮酸。转氨酶广泛存在于机体的各种组织中，在动物的心、脑、肾、肝细胞中含量较高，其中以谷丙转氨酶（GPT）和谷草转氨酶（GOT）最为重要。在正常情况下，血清中的 GPT 活性很低；当心、肾、肝各组织发生病变时，使细胞膜通透性增高或细胞坏死时，转氨酶大量释放至血液中，造成血清中转氨酶活性明显升高。故测定 GPT 活性可以作为临床上检查肝功能是否正常的重要指标之一。

本实验通过 GPT 催化丙氨酸和 α-酮戊二酸生成丙酮酸，测定单位时间内丙酮酸的产量即可得知转氨酶的活性。丙酮酸可与 2,4-二硝基苯肼反应，形成丙酮酸二硝基苯腙，在碱性条件下显棕红色。再与同样处理的丙酮酸标准液进行比色，计算出其含量，以此测定血清中转氨酶的活性。

它们的催化反应如下：

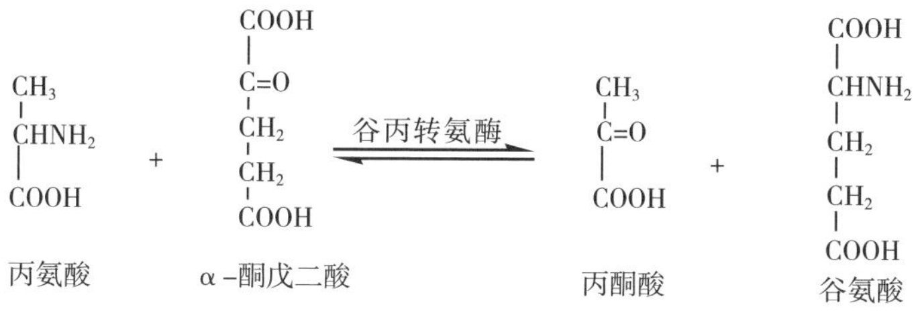

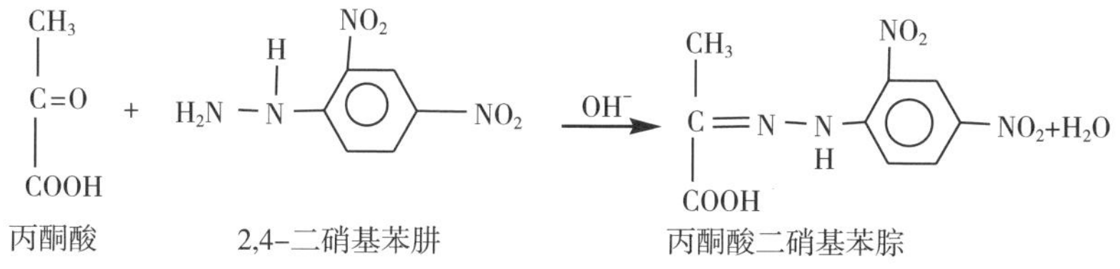

（三）材料、仪器和试剂

1. 材料

兔血清。

2. 仪器

分光光度计、恒温水浴箱、试管、移液管。

3. 试剂

（1）磷酸盐缓冲液（pH 值 7.4）。

甲液（1/15 mol/L 磷酸氢二钠溶液）：称取 9.47 g 磷酸氢二钠（Na_2HPO_4），或 3.88 g（$Na_2HPO_4 \cdot 12H_2O$）溶于蒸馏水，并定容至 1 000 mL。

乙液（1/15 mol/L 磷酸二氢钾溶液）：称取 9.07g 磷酸二氢钾（$KH_2PO_4 \cdot 2H_2O$），溶于蒸馏水，并定容至 1 000 mL。

取甲液 825 mL，乙液 175 mL，混匀，调 pH 值 = 7.4。

（2）GPT 底物液。称取 29.2 mg α-酮戊二酸、1.78 g α-DL-丙氨酸，溶于 50 mL pH 值 = 7.4 的磷酸盐缓冲液中，加 0.1 mol/L 的 NaOH 溶液 0.5 mL，调 pH 值 = 7.4。再用 pH 值 = 7.4 的磷酸缓冲液定容至 100 mL。置冰箱中保存。

（3）GOT 底物液。称取 29.2 mg α-酮戊二酸和 2.66 g α-DL-天冬氨酸，溶于 50 mL pH 值 = 7.4 的磷酸盐缓冲液中，加 0.1 mol/L 的 NaOH 溶液 0.5 mL，调 pH 值 = 7.4。再用 pH 值 = 7.4 的磷酸缓冲液定容至 100 mL。置冰箱中保存。

（4）2,4-二硝基苯肼溶液。称取 2,4-二硝基苯肼 20 mg，先溶于 10 mL 浓盐酸中，再用蒸馏水稀释至 100 mL，过滤，贮存于棕色瓶内保存。

（5）丙酮酸标准液。精确称取 22 mg 丙酮酸钠，加 pH 值 = 7.4 的磷酸缓冲液溶解并定容至 100 mL。

（6）0.4 mol/L 氢氧化钠溶液。

（四）操作步骤

1. 制作标准曲线

取 6 支试管，按表 25 操作。

表 25　转氨酶活性标准曲线制作

试剂	1	2	3	4	5	6
丙酮酸标准液（mL）	0	0.05	0.1	0.15	0.2	0.25
GPT（GOT）基质液（mL）	0.5	0.45	0.4	0.35	0.3	0.25
pH 值 = 7.4 磷酸盐缓冲液（mL）	0.1	0.1	0.1	0.1	0.1	0.1
		混匀，置 37℃水浴中，保温 30 min				
2,4-二硝基苯肼溶液（mL）	0.5	0.5	0.5	0.5	0.5	0.5
		混匀，置 37℃水浴中，保温 20 min				
0.4 mol/L 氢氧化钠（mL）	5.0	5.0	5.0	5.0	5.0	5.0
相当活性单位数	空白	100	200	300	400	500

混匀，10 min 后，在 520 nm 波长处，测定吸光度。以酶活性单位为横坐标，吸光度为纵坐标，绘制标准曲线。

2. GPT 测定

取 3 支试管，按表 26 操作。

表 26　GPT 测定加样表

试剂	空白	测定 1	测定 2
血清（mL）	0.1	0.1	0.1
GPT 底物液（mL）	–	0.5	0.5
	混匀，置 37℃ 水浴中，保温 30 min		
GPT 底物液（mL）	0.5	–	–
2,4-二硝基苯肼溶液（mL）	0.5	0.5	0.5
	混匀，置 37℃ 水浴中，保温 20 min		
0.4 mol/L 氢氧化钠溶液（mL）	5.0	5.0	5.0

混匀，放置 5 min，在波长 520 nm 处比色，测定吸光度。

（五）结果计算

（1）测定管吸光度值查找标准曲线，得出每毫升血清中转氨酶活性单位值。

（2）标准管法测定，可用丙酮酸标准液（2 μmol/mL）0.1 mL，按操作测定标准管吸光度，按下列方式计算结果。

$$转氨酶活性（单位数/mL 血清）= \frac{测定管吸光度}{标准管吸光度} \times 2 \times 0.1 \times 0.1$$

【思考题】

1. 血清转氨酶活性测定有何临床意义？

2. 转氨酶活性测定的关键步骤是什么？

实验十三、羊组织中琥珀酸脱氢酶的作用及竞争性抑制的观察

（一）实验目的

理解丙二酸对琥珀酸脱氢酶的竞争性抑制作用。

（二）实验原理

琥珀酸脱氢酶（SDH）存在于有氧呼吸细胞中，是三羧酸循环中的一个重要的酶，该酶可使琥珀酸脱氢转变成延胡索酸。在体内，琥珀酸脱氢酶催化琥珀酸脱氢，脱下的氢可进入 $FADH_2$ 呼吸链，通过一系列递氢体和递电子体，最后传递给氧而生成水；在体外，可以人为地使反应在无氧条件下进行，若有适当的受氢体，也可显示出琥珀酸脱氢酶的作用。如肌肉组织中的琥珀酸脱氢酶在缺氧情况下催化琥珀酸脱氢，脱下的氢可将蓝色的甲烯蓝（氧化型）还原为无色的甲烯白（还原型）。因此，可以通过甲烯蓝颜色的变化情况，直接观察琥珀酸脱氢酶的作用。

$$\begin{array}{c} \text{COOH} \\ | \\ \text{CH}_2 \\ | \\ \text{CH}_2 \\ | \\ \text{COOH} \end{array} + \text{MB} \xrightarrow{\text{琥珀酸脱氢酶}} \begin{array}{c} \text{COOH} \\ | \\ \text{CH} \\ || \\ \text{CH} \\ | \\ \text{COOH} \end{array} + \text{MB} \cdot 2\text{H}$$

琥珀酸　　亚甲蓝　　　　　　　　延胡索酸　　还原型亚甲蓝

由于丙二酸与琥珀酸在化学结构上相似，所以它能与琥珀酸竞争性地与琥珀酸脱氢酶结合。如果琥珀酸脱氢酶与丙二酸结合，则不能再催化琥珀酸脱氢，这种现象称为竞争性抑制。如增加琥珀酸的浓度，则可减弱甚至解除丙二酸的抑制作用。

（三）材料、仪器和试剂

1. 材料

南疆地方品种羊新鲜肌肉。

2. 仪器

恒温水浴箱、研钵、剪刀、试管、吸管。

3. 试剂

生理盐水；

0.1 mol/L 磷酸盐缓冲液（pH 值=7.3）；

1.5%琥珀酸钠溶液：称取琥珀酸钠 1.5 g，用蒸馏水溶解并定容至 100 mL；

1%丙二酸钠溶液：称取丙二酸钠 1 g，用蒸馏水溶解并定容至 100 mL；

0.02%甲烯蓝溶液；

液体石蜡。

（四）操作步骤

1. 琥珀酸脱氢酶液的提取

取新杀死动物的肌肉 1.5~2 g 置研钵中，充分剪碎，加入等体积的石英砂及 0.1 mol/L Na_2HPO_4 溶液 3~4 mL，研磨成匀浆，再加入 6~7 mL 0.1 mol/L Na_2HPO_4 溶液，然后离心取上清液备用。

2. 酶反应

取 4 支试管编号，并按表 27 操作。

表 27　琥珀酸脱氢酶竞争性抑制的酶反应加样表

试剂	1	2	3	4
酶提取液（滴）	20	20（先煮沸）	20	20
1.5%琥珀酸钠溶液（mL）	1	1	1	2
磷酸盐缓冲液（mL）	1	1	1	1
1%丙二酸钠溶液（mL）			1	1
0.02%甲烯蓝溶液（滴）	2	2	2	2

将各试管中溶液混匀，各加液体石蜡 10 滴，以隔绝空气，置于 37℃ 水浴中保温，随时观察并记录各管甲烯蓝褪色的时间，分析各管产生不同结果的原因。然后将第一管用力摇动，观察有何变化。

（五）结果与分析

观察 1、2、3、4 号试管蓝色褪去的时间，分析各管产生不同结果的原因。

（六）注意事项

（1）各管加液体石蜡前一定充分混匀，加液体石蜡后切勿摇动。

（2）研磨肌肉时一定要充分研成匀浆，以便使酶从细胞中释放出来。

【思考题】

1. 如何证明琥珀酸的脱氢反应是受琥珀酸脱氢酶催化的？

2. 本实验加液体石蜡的目的是什么？将第一管用力摇动后，有何变化？为什么？

3. 各管甲烯蓝褪色情况有何差异？为什么？

实验十四、琼脂糖凝胶电泳分离 LDH 同工酶

（一）实验目的

（1）掌握琼脂糖凝胶电泳分离 LDH 的基本原理和方法。

（2）了解定量测定人血清中乳酸脱氢酶的 5 个同工酶的相对百分含量。

（二）基本原理

乳酸脱氢酶（Lactate dehydrogenasea，简称 LDH）EC（1.1.1.2）广泛存在于一切有糖酵解作用的细胞中，在 NAD^+ 存在下催化乳酸脱氢生成丙酮酸或使丙酮酸还原生成乳酸。

乳酸脱氢酶的酶蛋白是由 4 个亚基组成的四聚体，亚基分为心脏型（H型）和肌肉型（M 型）两种。根据酶蛋白四聚体中 H 型和 M 型亚基比例的差别，LDH 同工酶被分为 5 种：LDH_1、LDH_2、LDH_3、LDH_4、LDH_5。亚基分子量均为 35 000 左右，但带电量不同，因此在电泳时有不同的电泳速度。

本实验采用琼脂糖凝胶作为支持介质，于 pH 值 8.6 的巴比妥缓冲液中电泳，LDH 的 5 种同工酶可被分离。在乳酸作为底物，氧化型辅酶 I 存在时，LDH 可将乳酸脱氢生成丙酮酸，将 NAD^+ 还原生成 $NADH+H^+$，$NADH+H^+$ 可将氢传递给吩嗪二甲酯硫酸盐（PMS），PMS 将氢传递给氯化硝基四氮唑蓝（NBT），使其还原为蓝紫色化合物。这样，具有 LDH 活性的区带就是蓝紫色。反应如下。

$$乳酸 + NAD^+ \rightleftharpoons 丙酮酸 + NADH+H^+$$

$$NADH + H^+ + PMS(吩嗪二甲酯硫酸盐) \rightleftharpoons NAD^+ + PMSH_2$$

$$PMSH_2 + NBT \rightleftharpoons PMS + NBTH_2(蓝紫色)$$

（三）材料、仪器与试剂

1. 材料

兔子血清。

2. 仪器

电泳仪、电泳槽、微量移液器、恒温水浴锅、低速台式离心机、冰箱、微波炉、纱布、玻璃、刀片、分光光度计。

3. 试剂

（1）0.7% 琼脂糖凝胶溶液。称取琼脂糖 0.7 g，置于 250 mL 锥形瓶中，量取离子强度为 0.05 的巴比妥缓冲液 100 mL（pH 值 8.6），混匀，微波炉加热溶

解约 25 s 后取出备用。

（2）0.075 mol/L 电泳缓冲液（pH 值 8.6）。称取巴比妥钠 15.45 g，巴比妥 2.76 g，溶解于蒸馏水，稀释至 1 000 mL。

（3）显色剂。

A 液：0.5 mol/L 乳酸钠溶液溶解于 0.1 mol/L 磷酸盐缓冲液（pH 值 7.4）即可。

B 液：0.3%氯化硝基四氮唑蓝水溶液 1.5 mL，氧化型辅酶 I 5 mg，0.1%吩嗪二甲酯硫酸盐水溶液 0.2 mL。

将 A 液和 B 液混匀后待氧化型辅酶 I 溶解后使用。此显色剂于临用前按需配制，避光保存，30 min 内有效。

（4）25%尿素水溶液。

（5）10%醋酸溶液。

（四）操作步骤

1. 制作凝胶板

0.7%琼脂糖凝胶制板（梳子制点样孔），冷却凝固，放置于 4℃冰箱中保存 30~50 min 后备用。

2. 电泳

凝胶板置于放置好电泳缓冲液的电泳槽中，移液器点样加入点样孔。凝胶板板宽度每 2.5 cm 通 10 mA 电流调整电流，电泳时间 40~60 min，直至血清白蛋白游离起点 3~3.5 cm 时停止电泳。

3. 显色

将电泳后的凝胶板滴加显色剂使成一均匀薄层，然后平放入 37℃恒温水浴锅中避光保温 60 min，使同工酶各区带显色充分。

4. 固定

将显色后的凝胶板放于 10%冰醋酸水溶液中固定 10 min，倒去固定液，蒸馏水漂洗 2~3 次，去掉多余的显色液。

5. 光密度测定

漂洗后的显色胶板，用灭菌单面刀片割下各个显色区带，分别放入已有 3 mL 25%尿素水溶液的试管内，混合，沸水浴 10 min，琼脂糖凝胶全部熔化后，转移到 37℃水浴中冷却 10 min 后分光光度计比色，于波长 560 nm，蒸馏水调零，记录各区带光密度。

（五）结果计算

计算各区带的百分含量。

各区带光密度之和 $T = LDH_1 + LDH_2 + LDH_3 + LDH_4 + LDH_5$

LDH 各同工酶的百分含量为：

$\text{LDH}_1（\%）= \text{LDH}_1/\text{T}×100$

$\text{LDH}_2（\%）= \text{LDH}_2/\text{T}×100$

$\text{LDH}_3（\%）= \text{LDH}_3/\text{T}×100$

$\text{LDH}_4（\%）= \text{LDH}_4/\text{T}×100$

$\text{LDH}_5（\%）= \text{LDH}_5/\text{T}×100$

正常血清中 LDH 同工酶百分含量为：

LDH_1	LDH_2	LDH_3	LDH_4	LDH_5
33.4	42.8	18.5	3.9	1.4

即：$\text{LDH}_2 > \text{LDH}_1 > \text{LDH}_3 > \text{LDH}_4 > \text{LDH}_5$

（六）注意事项

（1）在 LDH 同工酶显色后，通常在 LDH_1 前沿有一块淡红色的非特异性显色区域，这不是 LDH_1 的组成部分，定量时需要去除。

（2）不能采用对结果有明显影响的溶血标本。

（3）本法同样适用于其他各种体液标本的 LDH 同工酶的定量测定。

实验十五、阿克苏苹果中维生素 C 的提取和含量测定

（一）实验目的
掌握用 2,6-二氯酚靛酚滴定法测定维生素 C 含量的原理和方法。

（二）实验原理
维生素 C 是一种水溶性维生素，当人体缺乏维生素 C 时，会出现坏血病，所以又被称为抗坏血酸。维生素 C 是人类营养中最重要的维生素之一。可降低毛细血管通透性，降低血脂，增强机体的抵抗能力，并有一定的解毒功能和抗组胺作用。它广泛存在于植物中，尤其以蔬菜和水果中含量丰富。

维生素 C 具有很强的还原性，染料 2,6-二氯酚靛酚具有较强的氧化性，该染料在中性和碱性溶液中呈蓝色，在酸性溶液中呈红色。当用蓝色的碱性 2,6-二氯酚靛酚溶液滴定含有维生素 C 的草酸溶液时，其中的维生素 C 可以将蓝色的 2,6-二氯酚靛酚还原成无色的还原型，同时自身被氧化，当溶液中的维生素 C 完全被氧化之后，再滴 2,6-二氯酚靛酚就会使溶液呈淡红色，从而显示到达滴定终点。在没有其他杂质干扰的情况下，样品提取液所还原的标准染料量与样品中所含的还原型维生素 C 量成正比。

（三）材料、仪器和试剂
1. 材料
新鲜阿克苏红富士苹果。
2. 仪器
研钵、三角瓶、容量瓶、量筒、滴定管、移液管。
3. 试剂
1%草酸溶液，2%草酸溶液。

0.1 mg/mL 维生素 C 标准液：准确称取维生素 C 25 mg，用 1%草酸溶液定容至 250 mL（临用前配制，贮存于棕色瓶中）。

0.1 mg/mL 2,6-二氯酚靛酚钠溶液：称取 20 mg 2,6-二氯酚靛酚钠，放入 200 mL 容量瓶中，加热蒸馏水 150 mL，滴加 0.01 mg/mL NaOH 溶液 4~5 滴，剧烈摇动 10 min，冷却后用蒸馏水定容至 200 mL。摇匀后用滤纸过滤，放入棕色瓶中 4℃冷藏。有效期 1 周，使用前需标定。

（四）操作步骤

1. 样品提取

苹果去皮去核后称取 10 g，切成小块放入研钵中，加 10 mL 2%草酸溶液，研磨成匀浆，通过漏斗将匀浆转入 100 mL 容量瓶中，残渣用 2%草酸溶液冲洗 2~3 次并全部转入 100 mL 容量瓶中（2%草酸溶液总用量为 70 mL），静置 10 min 后，1%草酸溶液定容，摇匀，过滤，滤液备用。

2. 样品提取液的测定

取 3 只 50 mL 三角瓶编号，分别加入滤液 10 mL，立即用 2,6-二氯酚靛酚钠溶液滴定，每滴 1 滴，充分摇匀，直至出现粉红色并保持 15 s 不褪色为止，记录所用 2,6-二氯酚靛酚钠溶液的毫升数（V_1）。它表示维生素 C 和非维生素 C 的其他还原性物质总共消耗的 2,6-二氯酚靛酚钠溶液的量。

3. 空白样滴定

取一只 100 mL 容量瓶，加入 70 mL 的 2%草酸溶液，然后以 1%草酸溶液定容，摇匀，取此液 10 mL 放入 50 mL 三角瓶中，立即用 2,6-二氯酚靛酚钠溶液滴定，每滴 1 滴，充分摇匀，直至出现粉红色并保持 15 s 不褪色为止，记下所用 2,6-二氯酚靛酚毫升数（V_2）。它表示非维生素 C 的其他还原性物质总共消耗的 2,6-二氯酚靛酚钠液的量。

（五）结果计算

$$植物样品中维生素 C 的含量（mg/g）= \frac{(V_1 - V_2) \times k \times V}{W \times V_3}$$

公式说明：

k——1 mL 的 2,6-二氯酚靛酚钠所能氧化的维生素 C 的质量（mg），单位 mg/mL，可由标定计算得出；

V——样品提取液的总体积，100 mL；

V_1——滴定样品所用染料的毫升数；

V_2——滴定空白所用染料的毫升数；

V_3——滴定样品所用滤液的毫升数，10 mL；

W——样品重量，10 g。

（六）注意事项

（1）提取过程应尽可能快，并防止与铁铜器具接触，以减少维生素 C 的氧化。

（2）滴定过程应迅速进行，一般不超过 2 min。

（3）滴定所用量应在 1~4 mL。若滴定结果超出此范围，则必须改变样品量或将提取液适当稀释。

（4）2%草酸溶液可抑制抗坏血酸氧化酶，1%草酸溶液不能抑制抗坏血酸氧化酶。

【思考题】

1. 为什么滴定过程要迅速？

2. 2,6-二氯酚靛酚滴定法测定维生素 C 含量有何优缺点？测定误差是否大？

3. 填空：若样品中含有大量 Fe^{2+}，可用（　　）溶液提取，Fe^{2+} 能还原 2,6-二氯酚靛酚。

4. 判断题：本法只能测定还原型维生素 C 含量，不能测定氧化型维生素 C 含量。

实验十六、南疆地方品种羊血液葡萄糖含量的测定（福林-吴宪氏法）

（一）实验目的

掌握测定血糖含量的原理和操作方法，了解血糖在动物体中的重要意义。

（二）实验原理

动物血液中的糖主要是葡萄糖。正常情况下，血液中葡萄糖浓度相对恒定。

由于葡萄糖是一种多羟基的醛类化合物，其醛基具有还原性。当其与碱性铜试剂混合加热后，它的醛基被氧化成羧基，而碱性铜试剂中的 Cu^{2+} 被还原为黄色的氧化亚铜（Cu_2O）而沉淀。氧化亚铜又可使磷钼酸还原生成钼蓝，使溶液呈蓝色，其蓝色深度与血滤液中葡萄糖浓度成正比。所以可用比色法测定钼蓝的光吸收值，即可计算出血液中的葡萄糖含量。

（三）材料、仪器和试剂

1. 材料

南疆地方品种羊新鲜抗凝血液。

2. 仪器

分光光度计、恒温水浴锅、刻度吸管、漏斗、血糖管、试管。

3. 试剂

（1）碱性铜试剂。准确称取无水碳酸钠 40 g，用 400 mL 蒸馏水溶解；称取酒石酸 7.5 g，用 300 mL 蒸馏水溶解；称取结晶硫酸铜 4.5 g，用 200 mL 蒸馏水溶解。然后将酒石酸溶液倾入碳酸钠溶液内，混合移入 1 000 mL 容量瓶内，再将硫酸铜溶液倾入并加蒸馏水至刻度。

（2）磷钼酸试剂。在烧杯内加入钼酸 70 g，钨酸钠 10 g，10% NaOH 溶液 400 mL 及蒸馏水 400 mL。混合后在电炉上煮沸 20~40 min，以除去钼酸内可能存在的氨。冷却后加入浓磷酸 250 mL，混合，最后用蒸馏水稀释至 1 000 mL。

（3）0.25%苯甲酸溶液。称取苯甲酸 2.5 g 加入 1 000 mL 蒸馏水中，煮沸使其溶解。冷却后补加蒸馏水至 1 000 mL，此试剂可长期保存。

（4）葡萄糖标准液。

贮存液（10 mg/mL）：精确称取无水葡萄糖 1 g，以 0.25%苯甲酸溶液溶解并稀释至 100 mL。置冰箱中可长期保存。

应用液（0.1 mg/mL）：准确吸取上述贮存液 1.0 mL。加入 100 mL 容量瓶内，以 0.25%苯甲酸溶液稀释至刻度。

（5）1∶4磷钼酸稀释液。取磷钼酸溶液1份加蒸馏水4份，混匀即可。

（6）10%钨酸钠。称取钨酸钠（$Na_2WO_4 \cdot 2H_2O$）10 g，用蒸馏水溶解并稀释至100 mL。

（四）操作步骤

1. 无蛋白血滤液的制备

取1只南疆地方品种羊（饥饿16~25 h），采用颈静脉法采血，滴入含有抗凝剂的试管中，随即摇动试管使血液与抗凝剂混匀。量取蒸馏水7 mL加入大试管内，用吸管吸取抗凝血1 mL，擦去管尖外周血液，插入蒸馏水底层，缓缓将血液加于水层之下，吸取上清水洗涤吸管数次。直至血液全部洗净为止，充分混合，使血细胞完全溶解，然后加入1/3 mol/L硫酸1 mL，随加随摇，摇匀后放置5 min。再加入10%钨酸钠溶液1 mL，随加随摇，摇匀后放置5 min，过滤，收集滤液，即得稀释10倍且完全澄清无色的无蛋白血滤液。

2. 样品测定

取4支血糖管编号，按表28顺序加试剂。

表28　血糖含量测定加样表

试剂	空白	标准	样品1	样品2
无蛋白血滤液（mL）	–	–	1.0	1.0
蒸馏水（mL）	2.0	1.0	1.0	1.0
葡萄糖标准应用液（mL）	–	1.0	–	–
碱性铜试剂（mL）	2.0	2.0	2.0	2.0
混匀，置沸水中煮8 min，于流动冷水内冷却3 min（勿摇动）				
磷钼酸试剂（mL）	2.0	2.0	2.0	2.0
混匀，放置2 min，用1∶4磷钼酸稀释至25 mL刻度				

用橡皮塞塞紧管口颠倒混匀，用空白管调"0"，立即在620 nm波长处比色，测定各管吸光度值。

（五）结果计算

$$每100 \text{ mL血液中葡萄糖的含量（mg）} = \frac{测定管吸光度}{标准管吸光度} \times C \times \frac{100}{0.1}$$

式中：C——为葡萄糖标准液的浓度（0.1 mg/mL）；

0.1——表示1 mL血滤液相当于0.1 mL全血。

（六）注意事项

（1）此法是根据氧化还原反应的原理，用钨酸制备的血滤液中，除葡萄糖外，还含有其他还原性物质，因此测定的血糖含量较实际葡萄糖含量稍高。

（2）一定要等水沸后再放入血糖管，并保持直立使其受热均匀，加热时间必须准确为 8 min，否则会影响实验结果的准确性。冷却时，切不可摇动血糖管，以防还原的氧化亚铜被空气中的氧所氧化，降低实际结果。

（3）加入磷钼酸试剂后显色不稳定，应迅速进行比色，一般在 15 min 内稳定。

【思考题】

1. 此法测定葡萄糖的原理是什么？

2. 为什么测定血糖必须预先除去蛋白质？

3. 羊血糖都有哪些来源？空腹血样的含糖量范围是多少？血糖测定的临床意义主要有哪些？

实验十七、阿克苏苹果中糖含量测定

一、蒽酮比色法测定可溶性糖含量

（一）实验目的

掌握蒽酮法测定可溶性糖含量的原理和方法。

（二）实验原理

蒽酮比色法是一个快速而简便的测定糖方法。浓硫酸可使糖类（如己糖基、戊醛糖及己糖醛酸）脱水生成糠醛或羟甲基糠醛，该产物与蒽酮脱水缩合，形成糠醛的衍生物（反应方程式见下图），呈蓝绿色，该物质在 620 nm 处有最大光吸收值。在 10~100 $\mu g/mL$ 范围内，其颜色的深浅与可溶性糖含量成正比，因此可用比色法来测定糖含量。

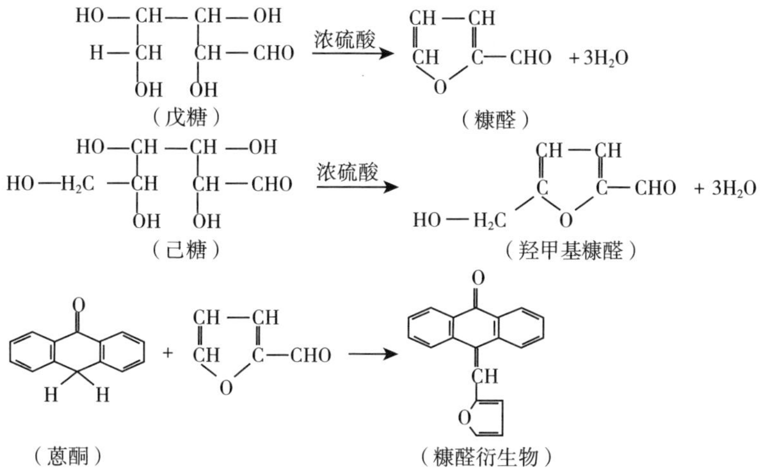

多糖和寡糖在蒽酮试剂中的酸作用下可水解成单糖，因此利用蒽酮法测出的糖含量，实际上是提取到的全部可溶性糖的总量。这一方法具有很高的灵敏度，糖含量在 30 μg 左右就能进行测定，一般在样品少的情况下，采用这一方法比较合适。

（三）材料、仪器和试剂

1. 材料

阿克苏红富士苹果。

2. 仪器

分光光度计、天平、研钵、漏斗、容量瓶、移液管、试管、恒温水浴锅。

3. 试剂

（1）葡萄糖标准液。100 μg/mL。

（2）蒽酮试剂。0.2 g 蒽酮，溶于 100 mL 浓硫酸中，贮于棕色瓶中，限当日配制使用。

（四）操作步骤

1. 制作葡萄糖标准曲线

取 6 支试管编号，按表 29 配制一系列不同浓度的葡萄糖溶液。

表 29　蒽酮比色法测定可溶性糖含量的葡萄糖标准曲线制作

试剂	1	2	3	4	5	6
葡萄糖标准液（mL）	0.0	0.2	0.4	0.6	0.8	1.0
蒸馏水（mL）	2.0	1.8	1.6	1.4	1.2	1.0
葡萄糖含量（μg）	0.0	10.0	20.0	30.0	40.0	50.0

在每支试管中，加入蒽酮试剂 5 mL，摇匀，反应 10 min，在 620 nm 波长处读取吸光度值，以标准葡萄糖含量（μg/mL）作横坐标，以吸光度值作纵坐标，作标准曲线。

2. 可溶性糖的提取

将阿克苏红富士苹果削皮，称取果肉 2 g，放入研钵中研成匀浆，用 70 mL 蒸馏水分数次洗涤研钵，洗液一并转入 100 mL 容量瓶中，然后在 80℃ 水浴中浸提 30 min（每隔 5 min 摇动 1 次），取出冷却后，用蒸馏水定容至 100 mL，过滤。取滤液 1 mL，再用蒸馏水稀释定容至 100 mL，摇匀备用。

3. 糖含量的测定

取试管 4 支编号，1 号试管加蒸馏水 2 mL，其余 3 支试管分别加样品提取液 2 mL，然后在 4 支试管中各加入蒽酮试剂 5 mL，摇匀，反应 10 min，在 620 nm 波长处比色，记录吸光度值。

（五）结果计算

（1）求 2、3、4 号管的平均吸光度值，然后用这个值在标准曲线上查出（或用标准曲线方程求出）葡萄糖的含量（μg/mL）。

（2）用下列公式求出苹果中可溶性糖含量

$$样品含糖量（μg/g 鲜重）= \frac{m（μg）×提取液总体积（mL）×稀释倍数}{测定时所取提取液体积（mL）×样品鲜重（g）}$$

式中：m——为标准曲线上查得的可溶性糖含量，单位是 μg。

（六）注意事项

（1）蒽酮试剂不稳定，易被氧化变为褐色，应现配现用。

（2）蒽酮试剂含有浓硫酸，加入该试剂时应缓慢加入，注意不要洒在仪器及皮肤、衣物上，如沾皮肤上，应迅速用自来水冲洗。

（3）不同糖类与蒽酮的显色有差异，稳定性也不同。加热、比色时间应严格掌握。

二、3,5-二硝基水杨酸法测定还原糖含量

（一）实验目的

掌握还原糖的测定原理及用比色法测定还原糖的方法。

（二）实验原理

还原糖是指含有自由醛基和酮基的糖类。单糖都是还原糖。利用单糖、双糖与多糖溶解度的不同可把他们分开。用酸水解法使没有还原性的双糖和多糖，彻底水解成具有还原性的单糖，再进行测定，就可以求出样品中的还原糖含量。

在碱性溶液中，还原糖变为烯二醇（1,2-烯二醇）。烯二醇易被各种氧化剂，如铁氰化物、3,5-二硝基水杨酸和 Cu^{2+}，氧化为糖酸。氰化物和二硝基水杨酸盐的还原作用是还原糖定量测定的基础。还原糖和碱性二硝基水杨酸试剂一起共热，产生一种棕红色的氨基化合物，在一定的浓度范围内，棕红色物质颜色的深浅程度与还原糖的量成正比。因此，在 540 nm 波长下测定棕红色物质的吸光度，通过标准曲线，便可求出样品中还原糖以及总糖的含量。

（三）材料、仪器和试剂

1. 材料

阿克苏红富士苹果。

2. 仪器

刻度试管、漏斗、烧杯、容量瓶、刻度吸管、恒温水浴锅、沸水浴、离心机、电子天平、分光光度计、移液管等。

3. 试剂

（1）1 mg/mL 葡萄糖标准液。准确称取 80℃ 烘至恒量的分析纯葡萄糖 100 mg，置于小烧杯中，加少量蒸馏水溶解后，转移至 100 mL 容量瓶中，用蒸馏水定容至 100 mL，混匀，4℃冰箱中保存备用。

（2）3,5-二硝基水杨酸试剂。6.3 g 3,5-二硝基水杨酸溶于 262 mL 2 mol/L 的氢氧化钠溶液中。将此溶液与 500 mL 含有 182 g 酒石酸钾钠的热水混合。向该溶液中再加入 5 g 重蒸酚和 5 g 亚硫酸钠，充分搅拌使之溶解，待溶液冷却后，用水稀释至 1 000 mL。储存于棕色瓶中（需在冰箱中放置 1 周后方可使用）。

（四）操作步骤

1. 制作葡萄糖标准曲线

取 7 支具有 25 mL 刻度试管，编号，按表 30 所示的量精确加入浓度为 1 mg/mL 的葡萄糖标准液、蒸馏水和 3,5-二硝基水杨酸试剂。

表 30　3,5-二硝基水杨酸法测定还原糖含量的葡萄糖标准曲线制作

试剂	1	2	3	4	5	6	7
葡萄糖标准液（mL）	0.0	0.2	0.4	0.6	0.8	1.0	1.2
蒸馏水（mL）	2.0	1.8	1.6	1.4	1.2	1.0	0.8
3,5-二硝基水杨酸试剂（mL）	1.5	1.5	1.5	1.5	1.5	1.5	1.5
葡萄糖含量（mg）	0.0	0.2	0.4	0.6	0.8	1.0	1.2

将各管摇匀，在沸水浴中加热 5 min，取出后立即放入盛有冷水的烧杯中冷却至室温，再以蒸馏水定容至 25 mL 刻度处，颠倒混匀。在 540 nm 波长下，用 1 号管调零，分别读取 2~7 号管的吸光度。以吸光度为纵坐标，葡萄糖毫克数为横坐标，绘制标准曲线，求得回归方程。

2. 样品还原糖的测定

（1）样品中还原糖的提取。准确称取干燥后的新疆阿克苏苹果粉末 0.3 g，放入 50 mL 的烧杯中，先以少量的蒸馏水搅匀，置于 50℃ 恒温水浴中保温 20 min（其间搅拌或摇晃），使还原糖浸出。然后转入离心管中，烧杯再用适量的蒸馏水冲洗数次（注意在样品提取过程中蒸馏水的总用量不要超过 9 mL）。洗液一并转入离心管中，以 3 000 r/min 离心 5 min，回收上清液并用蒸馏水定容至 10 mL，混匀，作为还原糖待测液。

（2）显色和比色。取 4 支 25 mL 刻度试管，编号，1 号试管加蒸馏水 2 mL，其余 3 支试管分别加入还原糖待测液 2 mL，然后在 4 支试管中各加入 3,5-二硝基水杨酸试剂 1.5 mL，其余操作均与制作标准曲线相同，测定各样品管的吸光度。

（五）结果计算

（1）先计算吸光度平均值，再到标准曲线上查出（或求出）相应的还原糖毫克数。

（2）按下式计算还原糖的百分含量：

$$样品还原糖（\%）= \frac{由回归方程求得的还原糖毫克数 \times 样品总体积}{测定时取用体积 \times 样品重 \times 1\,000} \times 100$$

三、斐林试剂法测定还原糖含量

（一）实验目的

掌握斐林试剂法测定还原糖含量的原理和方法。

（二）实验原理

植物组织中的可溶性糖可分为还原糖（主要是葡萄糖和果糖）和非还原糖（主要是蔗糖）两类。还原糖具有醛基和酮基，在碱性溶液中煮沸，能把斐林试剂中的 Cu^{2+} 还原成 Cu^+，使蓝色的斐林试剂脱色，脱色的程度与溶液中还原糖含量成正比。

（三）材料、仪器和试剂

1. 材料

阿克苏红富士苹果。

2. 仪器

分光光度计、分析天平（感量 1/10 000）、水浴锅、具塞刻度试管、刻度吸管、容量瓶、研钵、离心机等。

3. 试剂

（1）斐林试剂 A 液：40 g $CuSO_4 \cdot 5H_2O$ 溶解于蒸馏水定容至 1 000 mL。

（2）斐林试剂 B 液：200 g 酒石酸钾钠（$KNaC_4H_4O_6 \cdot 5H_2O$）与 150 g NaOH 溶于蒸馏水中，并定容至 1 000 mL。A、B 两液分别贮存，使用前等体积混合。

（3）0.1% 葡萄糖标准液：取 80℃ 下烘至恒重的葡萄糖 0.100 0 g，加蒸馏水溶解，定容至 100 mL。

（4）甲基红指示剂：称取 0.1 g 甲基红，用乙醇溶解稀释至 100 mL。

（5）其他试剂：10% $PbAc_2$，0.1 mol/L NaOH，饱和 Na_2SO_4 等。

（四）操作步骤

1. 标准曲线的制作

取 7 支刻度试管，编号，按表 31 所示的量精确加入浓度为 0.1 mg/mL 的葡萄糖标准液、蒸馏水和斐林试剂。

表 31　斐林试剂法测定还原糖含量的葡萄糖标准曲线制作

试剂	1	2	3	4	5	6	7
0.1% 葡萄糖标准液（mL）	0.0	1.0	2.0	3.0	4.0	5.0	6.0
蒸馏水（mL）	6.0	5.0	4.0	3.0	2.0	1.0	0.0
斐林试剂（mL）	4.0	4.0	4.0	4.0	4.0	4.0	4.0
葡萄糖含量（mg）	0.0	0.1	0.2	0.3	0.4	0.5	0.6

各管混合后，于沸水浴中加热 15 min。取出后自来水冷却，1 500 r/min 离

心 5 min。取上清液，用分光光度计在 590 nm 波长下比色，以蒸馏水作对照，读取吸光度。用空白管的吸光度与不同浓度糖的各管的吸光度之差为横坐标，对应的糖含量为纵坐标，绘制标准曲线。

2. 样品中还原糖的提取

取新鲜的阿克苏红富士苹果洗净晾干，称取 10.00 g，放入研钵中研磨至糊状，用水洗入 250 mL 容量瓶中。当体积近 150 mL 左右时，加 2~3 滴甲基红指示剂，如呈红色，可用 0.1 mol/L 的 NaOH 中和至微黄色。若用风干样品，可称取干粉 3.00 g，先在烧杯中用少量水湿润，然后用水洗入 250 mL 容量瓶中，如显酸性，可用上法中和。

将容量瓶置于 80℃ 的恒温水浴中保温 30 min，其间摇动数次，以便将还原糖充分提取出来。对含蛋白质较多的样品，可加 10% $PbAc_2$，除去蛋白质，至不再产生白色絮状沉淀时，加饱和 Na_2SO_4 除去多余的铅离子。30 min 后取出冷却，定容至刻度，摇匀后过滤待测。

3. 样品测定

吸取 6 mL 待测液，加 4 mL 斐林试剂，其他操作与标准曲线相同，在 590 nm 波长下读取吸光度。以不含样品的空白管的吸光度减去样品管的吸光度，在标准曲线上查出糖含量。

（五）结果计算

按下式计算还原糖的百分含量

$$样品还原糖（\%）=\frac{标准曲线查得的糖含量（mg）×样品总体积（mL）}{测定时取用体积（mL）×样品重（g）×1\ 000}×100$$

【思考题】

1. 还原糖测定方法有哪些？

2. 总结本实验方法，测定还原糖应注意哪些事项？

实验十八、香草醛法测定南疆地方品种羊血清总脂含量

（一）实验目的
掌握香草醛法测定血清总脂的原理与方法。

（二）实验原理
血清总脂是指血清中各种脂类的总和。血清中的不饱和脂类与浓硫酸共热，经水解后生成碳正离子。试剂中的香草醛与浓硫酸的羟基作用生成芳香族的磷酸酯，由于改变了香草醛分子中的电子分配，使醛基变成活泼的羰基。此羰基即可与碳正离子起反应，生成红色的醌化合物，其强度与碳正离子成正比。因此可用比色法进行定量测定。

（三）材料、仪器和试剂
1. 材料

南疆地方品种羊血清。

2. 仪器

分光光度计、恒温水浴锅、试管、移液管。

3. 试剂

胆固醇标准液（6 mg/mL）：准确称取胆固醇 600 mg，溶于无水乙醇并定容至 100 mL。

显色剂：配制 0.6%的香草醛水溶液 200 mL，再加入浓磷酸 800 mL，贮存于棕色瓶。

浓硫酸。

浓磷酸。

（四）操作步骤
取 4 支干燥、洁净的试管编号，按表 32 操作。

表 32　香草醛法测定血清总脂含量加样表

试剂	空白管	标准管	测定管 1	测定管 2
血清（mL）	–	–	0.02	0.02
胆固醇标准液（mL）	–	0.02	–	–
浓硫酸（mL）	1.00	1.00	1.00	1.00
	充分混匀，放入沸水浴 10 min，使脂类水解			
	用冷水冷却，然后向各管中加入显色剂 4.00 mL，用玻棒充分搅匀			

放置 20 min 后，在 525 nm 波长处比色，读取吸光度。

（五）结果计算

$$血清总脂含量（mg/mL）=\frac{测定管吸光度}{标准管吸光度}×标准胆固醇浓度$$

【思考题】

1. 香草醛法测定血清总脂含量的原理是什么？

2. 实验过程中有哪些注意事项？

实验十九、磷硫铁试剂法测定生物组织中固醇含量

（一）实验目的

掌握提取和测定植物和动物体内固醇的原理和方法。

（二）实验原理

血清（玉米粉）经无水乙醇处理后，蛋白质被沉淀，胆固醇及其酯则溶于无水乙醇。在乙醇提取液中加入磷硫铁试剂，胆固醇及其酯与试剂生成比较稳定的紫红色物质，该反应物颜色的深浅与胆固醇及其酯含量成正比，可用比色法进行定量测定。

（三）材料、仪器和试剂

1. 材料

血清或玉米粉。

2. 仪器

恒温水浴锅、分光光度计、离心机、离心管、试管、移液管。

3. 试剂

胆固醇标准液：准确称取胆固醇 80 mg，溶于无水乙醇并定容至 100 mL，此液为贮存液。将贮存液用无水乙醇准确稀释 10 倍，即得含量为 80 μg/mL 的胆固醇标准液。

10%三氯化铁：准确称取 10 g 三氯化铁，用磷酸溶解并定容至 100 mL，贮存于棕色瓶中。

磷硫铁试剂：取 10%三氯化铁 1.5 mL 放入 100 mL 棕色容量瓶中，加浓硫酸定容至 100 mL 刻度。

无水乙醇。

（四）操作步骤

1. 植物材料样品提取与测定

准确称取 1 g 玉米粉放入 10 mL 刻度离心管中，然后加无水乙醇至 8 mL 刻度线，用玻棒搅匀，将离心管塞上带长玻管的胶塞在沸水浴中回馏 5 min，冷却后，2 500 r/min 离心 10 min，取上清液备用。

取试管 4 支编号，按表 33 操作。

表 33　磷硫铁试剂法测定植物样品固醇含量加样表

试剂	空白管	标准管	样品管 1	样品管 2
无水乙醇（mL）	2.0	–	1.8	1.8
胆固醇标准液（mL）	–	2.0		
样品上清液（mL）	–	–	0.2	0.2
磷硫铁试剂（mL）	2.0	2.0	2.0	2.0

溶液混匀后，放置 15 min，在 560 nm 波长下比色，测定标准管、样品管的吸光度值。

2. 动物材料样品提取与测定

准确吸取血清 0.2 mL 放入干燥洁净的离心管内，先加入无水乙醇 0.8 mL，摇匀后，再加入无水乙醇 4.0 mL，用力摇匀 10 min 后，以 3 000 r/min 离心 5 min，取上清液备用。

取干燥、洁净的试管 4 支编号，按表 34 操作。

表 34　磷硫铁试剂法测定动物样品固醇含量加样表

试剂	空白管	标准管	样品管 1	样品管 2
无水乙醇（mL）	2.0	–	–	–
胆固醇标准液（mL）	–	2.0	–	–
样品上清液（mL）	–	–	2.0	2.0
磷硫铁试剂（mL）	2.0	2.0	2.0	2.0

溶液混匀后，放置 10 min，在 560 nm 波长下比色，测定标准管、样品管的吸光度值。

（五）结果计算

$$植物样品中固醇含量（mg/100\ g）= \frac{样品液吸光度值}{标准液吸光度值} \times c \times 稀释倍数 \times 100$$

$$血清中胆固醇含量（mg/100\ mL）= \frac{样品液吸光度值}{标准液吸光度值} \times 0.08 \times \frac{100}{0.04}$$

式中：c 为胆固醇标准液的浓度（80 μg/mL）。

【思考题】

1. 磷硫铁试剂法测定血清胆固醇的原理是什么？

2. 哪些因素会影响测定的准确性？应如何避免？

实验二十、酶促转氨基作用及其鉴定

一、动物材料酶促转氨基作用及其鉴定

（一）实验目的

（1）学习纸层析法分离和鉴定氨基酸的原理。

（2）掌握动物体内转氨基反应及其鉴定的方法。

（二）基本原理

转氨基作用是在转氨酶催化作用下，α-氨基酸的α-氨基与α-酮酸的α-酮基互换，生成相应的氨基酸和酮酸。体内大多数氨基酸可以参与转氨基作用。生物组织中转氨酶种类很多，其中以谷氨酸-丙酮酸转氨酶（谷丙转氨酶）和谷氨酸-草酸乙酸转氨酶（谷草转氨酶）的活力最强。

通过转氨基作用形成的氨基酸可通过纸层析法检测。氨基酸的纸层析属于分配层析，滤纸为惰性支持物，滤纸上所吸附的水为固定相，有机溶剂为流动相。把混合氨基酸样品点于滤纸上，使流动相经样品点移动，混合氨基酸在两相溶剂间进行分配，在固定相中分配比例较大的氨基酸，随流动相移动的速度慢；在流动相中分配比例较大的氨基酸，随流动相移动的速度快。由于各种氨基酸的分配系数不同，在一定时间内，各种氨基酸分布在滤纸的不同部位，而彼此分离。层析完毕后用茚三酮显色，使氨基酸显色形成斑点。

氨基酸的比移值（R_f）表示如下：

$$R_f = \frac{\text{点样原点中心到层析点中心距离}（r）}{\text{点样原点中心到溶剂前沿距离}（R）}$$

由于各种氨基酸都有其特征的 R_f 值，因此可根据 R_f 值来鉴定被分离的氨基酸。R_f 值的大小与物质的结构、性质、溶剂系统、温度等因素有关。

（三）材料、仪器与试剂

1. 材料

新鲜羊肝或者兔肝。

2. 仪器

层析滤纸、尺子、铅笔、培养皿、毛细管、电吹风、喉头喷雾器。

3. 试剂

（1）0.1 mol/L 丙氨酸标准溶液。

（2）0.1 mol/L 谷氨酸标准溶液。

（3）0.1 mol/L α-酮戊二酸。

（4）0.1 mol/L pH 值=7.4 的磷酸缓冲液。

（5）0.3%茚三酮溶液。

（6）层析溶剂。取新鲜蒸馏无色苯酚（水饱和酚）两份，加蒸馏水 1 份，放入分液漏斗中剧烈震荡后，静置 7~10 h。等两层清楚分开后，取下层酚保存于棕色瓶中待用。

（四）操作步骤

1. 酶液的制备

将刚杀死的羊或者兔子肝脏在低温下剪碎备用。

2. 酶促反应

取 4 支干净试管编号，按表 35 操作。

表35　酶促转氨基作用的酶促反应加样表

试剂	试管 1	试管 2	试管 3	试管 4
0.1 mol/L 丙氨酸（mL）	1		1	1
0.1 mol/L α-酮戊二酸（mL）	1	1		1
0.1 mol/L 磷酸缓冲液（mL）		1	1	
肝脏匀浆（g）	1	1	1	1

将各试管溶液混匀，4 号试管为对照，先在沸水中煮沸 10 min。然后将 4 支试管全部放在 37℃水浴中保温 30 min。取出后 1、2、3 号管放在沸水浴中加热 10 min，以终止酶促反应。

3. 点样

取 18 cm 直径的圆形层析滤纸一张，在圆心处用圆规划直径为 2 cm 的同心圆，并通过圆心将滤纸划成 6 等份扇形，等距离确定 6 个点。分别用毛细管蘸取反应液及标准谷氨酸、标准丙氨酸溶液点于相应的点上，每点一次立即用冷风吹干，使样品斑点直径控制在 2.0~2.5 mm，标准溶液点 2 次，反应液点 2~3 次。

4. 展层

在层析缸中放一直径为 5 cm 的培养皿，注入层析溶剂，将点好样的滤纸插上灯芯平放在盛有层析溶剂的培养皿上，使灯芯向下，接触溶剂，此时溶剂经过灯芯上升至滤纸上并向四周扩散，待溶剂前沿上升至距滤纸上沿约 1 cm 处时取出滤纸（约需 1 h），用镊子拔去灯芯，用吹风机吹干滤纸。

5. 显色

将吹干的滤纸沿溶剂扩散区域均匀地喷上 0.3%茚三酮溶液，再用吹风机吹干滤纸，即可在滤纸上显出各种氨基酸的紫色斑点。

（五）结果计算与分析

依据层析滤纸上各种氨基酸的紫色斑点鉴定 α-酮戊二酸和丙氨酸是否发生了转氨基反应，测量点样原点到各氨基酸层析斑点中心的距离，计算各氨基酸的比移值（R_f）。

（六）注意事项

（1）展开剂应该现配，并充分摇匀。

（2）点样的点不宜过大，点样过程中尽可能少接触滤纸，以免造成滤纸污染。

（3）点样线不能浸入展开剂，层析缸应密封，防止展开剂挥发。

【思考题】

1. 纸层析法的原理是什么？
2. 影响 R_f 值的因素有哪些？

二、植物材料酶促转氨基作用及其鉴定

（一）实验目的

1. 掌握植物体内氨基酸转氨基作用及其鉴定方法。
2. 学习纸层析方法分离和鉴定氨基酸的原理。

（二）基本原理

转氨基作用是在转氨酶的催化下，某一氨基酸的 α-氨基转移到另一种 α-酮酸的酮基上，生成相应的氨基酸，而原来的氨基酸则转变成 α-酮酸的过程。

体内大多数氨基酸可以参与转氨基作用。其中活性最大、分布最广的是谷氨酸-丙酮酸转氨酶（GPT）和谷氨酸-草酰乙酸转氨酶（GOT）。转氨酶的最适 pH 值一般为 7.4，其辅酶为磷酸吡哆醛，在反应中是氨基的传递体。

本实验以谷氨酸和丙酮酸混合溶液在 GPT 作用下的反应来观察酶促转氨基作用，其反应式为：

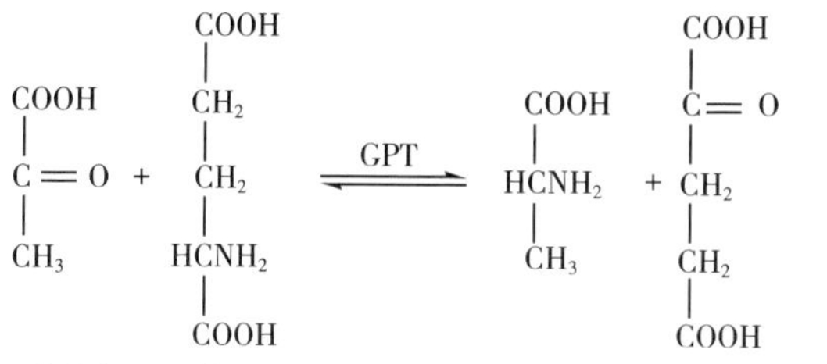

丙酮酸　谷氨酸　丙氨酸　α-酮戊二酸

被分离组分在滤纸上的迁移速度可用迁移率 R_f 值表示。展层后用茚三酮溶液显色，将样品各显色斑点的 R_f 值与同时展层的标准氨基酸的 R_f 值比较，即可

鉴定其氨基酸。

(三) 材料、仪器与试剂

1. 材料

新鲜绿豆芽。

2. 仪器

培养皿、新华 1 号滤纸（直径 15 cm）、毛细管、玻璃匀浆器、离心机、水浴锅。

3. 试剂

（1）0.1 mol/L 丙氨酸标准溶液。

（2）0.1 mol/L 谷氨酸标准溶液。

（3）0.1 mol/L α-酮戊二酸。

（4）0.1 mol/L pH 值 = 7.4 的磷酸缓冲液。

（5）0.1 mol/L pH 值 = 8.0 的磷酸缓冲液。

（6）层析剂：无水乙醇、茚三酮、蒸馏水、尿素。

(四) 操作步骤

1. 转氨酶制备

称取绿豆芽 3 g，放入研钵中加入 2 mL 的 0.1 mol/L pH 值 = 8.0 的磷酸缓冲液研磨成匀浆，用纱布过滤，取滤液备用。

2. 酶促反应过程

取 2 支干燥的试管，分别标明测定管和对照管，按表 36 所列步骤进行。

表 36　氨基转移反应体系加样表

试剂	测定管	对照管
酶液	10 滴	10 滴（置沸水煮沸 5 min）
0.1 mol/L 丙氨酸（mL）	1	1
0.1 mol/L α-酮戊二酸（mL）	1	1
0.01 mol/L 磷酸盐缓冲液（pH 值 7.4）（mL）	1	1

将溶液摇匀，放进 37℃ 水浴保温 30 min 后，沸水浴中煮 5 min，终止反应，取出冷却后进行点样。

3. 层析

（1）点样。将圆形滤纸（直径 15 cm）平均分成 4 份，在 4 个点上标以 1、2、3、4 用铅笔做标记，用毛细管分别进行点样。2 号-标准丙氨酸液、4 号-标准谷氨酸液、1 号-测定液、3 号-对照液。

（2）层析。在滤纸圆心处打一个孔（铅笔芯粗细），再取灯芯插入滤纸中心孔中（勿使其凸出滤纸面），把滤纸平放在培养皿上，使灯芯下浸入溶剂中，盖上直径为 15 cm 培养皿上盖，可见溶剂沿纸芯上升到滤纸中心，渐向四周扩散。40~50 min 后，取出滤纸，用镊子小心取下灯芯。用铅笔画出溶剂前沿。

（3）显色和鉴定。用吹风机热风吹干滤纸，可见紫红色斑点。用铅笔画出各斑点位置，计算出各斑点的 R_f 值，据此分析实验结果。

（五）实验结果与分析

展层结束后，可见对照组只有 1 个蓝紫色斑点，其位置与丙氨酸标准品的层析位置相近，测定组能清楚地出现 2 个蓝紫色斑点，颜色较深的为体系中未反应完的底物丙氨酸，而颜色较浅的斑点为生成的产物谷氨酸。这些结果说明，在上述实验条件下，纸层析能检测转氨作用的发生。

第二篇　生物化学综合实验

实验一、牛奶中乳糖、乳脂、酪蛋白的
分离提取与鉴定

（一）实验目的

本实验涵盖了萃取、沉淀和蒸馏分离法、分光光度法、电泳和重结晶等多项技术内容，可深化对理论知识理解，培养各项操作技能。

有机溶剂二氯甲烷萃取牛奶中乳脂并蒸馏分离。脱乳脂后的牛奶用等电点法沉淀分离得到酪蛋白，以醋酸纤维薄膜电泳法进行定性鉴定，双缩脲法定量并测定其纯度。分离酪蛋白后得到的乳清液，加入乙醇浓缩、结晶制取乳糖，生成糖脲，观察糖脲结晶形状，证实乳糖的存在。

（二）实验原理

牛奶中含有丰富的蛋白质、脂肪、碳水化合物、矿物质及维生素等。牛奶中约含4%脂肪，主要是乳脂，属三磷酸甘油酯类，多数由 $C_4 \sim C_6$ 饱和脂肪酸生成，乳脂以直径为 $0.1 \sim 10\ \mu m$ 脂肪微球分散于水中，因此乳中的脂肪更易消化。乳脂易溶于二氯甲烷和石油醚，因此可用二氯甲烷或石油醚萃取，蒸馏分离，测定乳脂含量。

牛奶中的蛋白质主要是酪蛋白，它是一种磷蛋白，以酪蛋白酸钙-磷酸钙复合体胶粒存在，主要是由 α、β、k 酪蛋白组成，酪蛋白等电点 pH 值为 $4.6 \sim 4.8$，牛奶的 pH 值为 6.6 左右，酪蛋白在 pH 值=6.6 时带负电荷。蛋白质是两性化合物，利用加酸，达到酪蛋白等电点，胶束外的负电荷被中和，中性酪蛋白溶解度最小，沉淀析出。酪蛋白不溶于乙醚、乙醇和石油醚，所以可用乙醇、乙醚和石油醚将其中残余的脂类物质洗涤除去。蒸馏水洗涤除去水溶性杂质，如乳清蛋白、乳糖及残留的缓冲溶液。采用电泳方法鉴定酪蛋白，酪蛋白在 pH 值=8.6 的缓冲溶液中带负电荷，在电场中向正极移动，电泳后根据酪蛋白移动快慢，染色后显出清晰 3 个色带。蛋白质含有两个以上的肽键，有双缩脲反应，所以常用双缩脲法测定酪蛋白的纯度。在碱性溶液中蛋白质与 Cu^{2+} 形成紫红色络合物，其颜色的深浅与蛋白质的浓度成正比，而与蛋白质的分子量及氨基酸成分无关。在一定的实验条件下，未知样品溶液与标准酪蛋白溶液同时反应，并于 540 nm 下比色，通过标准酪蛋白的标准曲线求出未知样品的酪蛋白浓度。

牛奶中的糖主要是乳糖，它是唯一由哺乳动物合成的糖。脱脂乳中除去酪蛋白后剩下的乳清液中含有乳白蛋白、乳球蛋白和溶解状态的乳糖。在乳清液中加碳酸钠既可以中和溶液的酸性，防止加热时乳糖水解，又能使乳白蛋白沉淀。乳糖不溶于乙醇，将乙醇加入乳清液，乳糖会结晶，可通过浓缩、结晶分离乳糖。糖中的羰基能与苯肼作用生成苯腙，当苯腙过量时，可进一步作用生成糖脎。糖脎是黄色结晶，不同糖脎的结晶状态不同，可以鉴别不同的糖。常见的单糖糖脎理化性质见表37。

表 37　常见糖脎的理化性质

名称	成脎时间（min）	颜色	状态	比旋光度	熔点
果糖	2.1	深黄绿色结晶	松针叶状	−92°	204
葡萄糖	4.8	深黄绿色结晶	细针状	+47.7°	204
麦芽糖	冷却后析出	淡棕黄色结晶	长薄片状	+129°	
乳糖	冷却后析出	淡棕黄色结晶	鱼草状	+55.3°	165
半乳糖	15~19	橙黄色结晶	鱼草状	+81°	202
蔗糖	30 min 后析出	深黄色结晶	针叶状	+186°	

（三）材料、仪器和试剂

1. 材料

全脂奶粉。

2. 仪器

电子天平、磁力搅拌恒温电热套、红外线快速干燥器、真空泵、细孔度滤纸、蒸馏装置、紫外-可见光分光光度计、显微镜、离心机、200 目的尼龙布、布氏漏斗、旋光仪、电泳槽、电泳仪、滤纸、载玻片、竹镊子、pH 值试纸、表面皿。

3. 试剂

10%乙酸溶液、冰乙酸、无水乙醇、二氯甲烷、乙醚、活性炭、碳酸钠、氢氧化钠、浓硝酸、浓硫酸、甲醇、苯肼试剂（溶解 4 mL 苯肼于 4 mL 冰醋酸和36 mL 水中）、氯化钠、含 0.4 mol/L 氢氧化钠的 5 mL 生理盐水、醋酸纤维薄膜（2 cm×8 cm）、巴比妥缓冲液（pH 值 8.6，离子强度 0.06）、电泳染色液（0.5 g 氨基黑 10B、甲醇 50 mL、冰醋酸 10 mL、蒸馏水 40 mL）、漂洗液（95%乙醇45 mL、冰醋酸 5 mL、蒸馏水 50 mL）、透明液甲（冰醋酸 15 mL、无水乙醇85 mL）和透明液乙（冰醋酸 25 mL、无水乙醇 75 mL）。

（四）操作步骤

1. 乳脂的分离

称取全脂奶粉 20 g，加入 100 mL 的二氯甲烷，不断搅拌加热至沸 2~3 min，趁热真空抽滤，将过滤的沉淀物自然干燥，备用于酪蛋白和乳糖的分离。滤液倒入已烘干至恒重，并记录重量的蒸馏烧瓶中，加热至约 40℃，蒸馏回收二氯甲烷，至二氯甲烷完全蒸完，冷却，洗净瓶的外壁，105℃烘干至恒重、称量，计算乳脂的得率。

2. 酪蛋白的分离与测定

在脱去乳脂的奶粉中，加入 50 mL 水，搅拌使其溶解，加热至 40℃，慢慢滴加 10%乙酸溶液，上层有沉淀产生，慢慢将沉淀压至烧杯底部，再继续滴加，不断用 pH 值试纸测试 pH 值在 4.6~4.8，直至沉淀完全。静置冷却，倾去上层乳清液备用，剩余悬浮液离心分离 10 min（2 000 r/min），倾出上层清液（合并于以上乳清液中），在乳清液中迅速加入 4 g 碳酸钠粉末，搅拌留作分离乳糖用。用蒸馏水洗沉淀二次，搅拌，离心后弃去上层液。向酪蛋白粗产品中加入 60 mL 的 95%乙酸，搅拌后至铺有 200 目的尼龙布的布氏漏斗抽滤，用乙醇和乙醚等体积混合液 30 mL 洗涤两次，30 mL 乙醚分两次洗涤。最后真空过滤得白色的酪蛋白，移至表面皿中，自然干燥，称重（或用石油醚进一步脱脂，将酪蛋白用滤纸包裹，放入石油醚中大约 1 h 后取出，打开滤纸，让石油醚完全挥发），计算酪蛋白的含量。

称取分离的酪蛋白 0.5 g，溶解于含 0.4 mol/L 氢氧化钠的 5 mL 生理盐水中。将 2 cm×8 cm 的醋酸纤维薄膜浸入巴比妥缓冲液中，20 min 后取出，用滤纸吸干多余缓冲液。用载玻片在膜条麻面距窄边 1.5 cm 处点样，使其全部渗入膜内，点样面朝下，两端拉紧贴于电泳槽架的滤纸桥上，点样段在阴极，盖上电泳槽盖，静置 10 min，电压 120 V，电流 0.4~0.6 mA/cm，时间 40~60 min。电泳结束后，取出膜条浸入染色液 5 min，然后浸入漂洗液中进行漂洗，3~4 次至无背景，可见 3 条酪蛋白条带。如果想长期保存，可以加入透明液甲液 90 s，取出后加入透明液乙液 40 s，取出贴在载玻片上（注意把气泡去掉），晾干后用小刀将透明膜条取下来后可长期保存。

绘制标准曲线：取一系列比色管，分别加入 0 mL、0.4 mL、0.8 mL、1.2 mL、1.6 mL、2.0 mL 的 5 mg/mL 标准酪蛋白溶液（用 0.05 mol/L 氢氧化钠配制）。用水补足到 2 mL，然后加入 4 mL 双缩脲试剂。在室温下放置 30 min，在 540 nm 波长下用分光光度计比色测定吸光度。以吸光度为纵坐标，酪蛋白的含量为横坐标绘制标准曲线，作为定量的依据。

酪蛋白纯度的测定：称取以上分离的酪蛋白 0.25 g，溶解于含 0.05 mol/L 氢氧化钠溶液中，水浴加热，用 50 mL 容量瓶定容，酪蛋白配制浓度约为 5 mg/mL。吸取 1 mL 稀释的酪蛋白待测液，用水补足到 2 mL，操作同标准曲线，平行做 3 份。比色，测定其吸光度。由标准曲线上查出纯酪蛋白浓度，再按照稀释倍数计算出从牛乳中分离出来的酪蛋白的纯度。

3. 乳糖的分离

把上述除去酪蛋白后加入碳酸钠的乳清液加热煮沸 2~3 min，并不断搅拌，然后真空抽滤除去沉淀，将滤液加热浓缩至原体积的一半。加入 150 mL 的 95%

乙醇和少量活性炭，搅拌均匀后水浴加热至沸，趁热过滤，滤液倒入烧杯中冷却，加塞放置过夜，静置待乳糖结晶析出（或冰浴冷却，玻棒搅拌摩擦至乳糖析出完全）。用细孔度滤纸过滤，95%乙醇洗涤，得粗乳糖晶体。再将粗乳糖晶体溶于20 mL的60℃水中，滴加乙醇至产生浑浊，水浴加热至浑浊消失，冷却，过滤，用95%乙醇洗涤晶体，干燥后得含一分子结晶水的纯乳糖，称重，计算牛奶中乳糖的含量。

4. 乳脂的鉴定

将乳脂溶解于醚，将醚液从滤纸上蒸发时有油脂点生成。

5. 酪蛋白的鉴定

取少量酪蛋白于试管中，加入10滴浓硝酸，将混合物温热呈橙黄色，继续加氢氧化钠，呈更深的颜色。

6. 乳糖的鉴定

乳糖水解：取0.5 g自制的乳糖置于大试管中，加入5 mL蒸馏水使其溶解，取出1 mL乳糖溶液置于另一试管中，备用作糖脎鉴定。在余下的4 mL乳糖溶液中加入2滴浓硫酸，于沸水浴中加热15 min，冷却后，加入10%碳酸钠溶液使呈碱性。

糖脎的生成：在1 mL上述乳糖水解液中及备用的1 mL乳糖溶液中，分别加入新鲜配制的苯肼试剂1 mL摇匀，试管口用棉花塞住，置沸水浴中加热，并不时振摇，加热20~30 min后，取出放置冷却，糖脎成结晶析出。取少许结晶在显微镜下观察3种糖脎结晶形状，可证实为乳糖。

（五）实验结果与分析

计算出牛乳中乳脂、酪蛋白和乳糖的含量，并写出牛乳中乳脂、酪蛋白和乳糖的定性鉴定原理并结合自己的实验展开分析和评价。

（六）注意事项

（1）二氯甲烷是不可燃低沸点溶剂，常用来代替易燃的石油醚和乙醚等，但易挥发，蒸馏时注意密闭和尾气吸收。也可用石油醚来做此实验。二氯甲烷加热时要不断地搅拌，使充分接触到奶粉，提高乳脂产率。蒸馏回收的二氯甲烷可循环使用，蒸馏时速度不宜过快，以免把乳脂带出，影响产率。

（2）分离酪蛋白过程中加醋酸时，需边搅拌边测pH值，同时观察沉淀。开始时搅拌速度可稍快，接近等电点时，应慢慢搅拌。酪蛋白沉淀用200目的尼龙布抽滤比较好，用滤纸过滤很慢；而用纱布过滤酪蛋白易粘在其上。纯净的酪蛋白为白色，若发黄表明脂肪未洗净。用乙醇和乙醚清洗酪蛋白沉淀时，应搅拌、浸泡，充分洗净脂肪。若洗涤不净，可进一步用石油醚将烘干酪蛋白中的脂类除去，大大提高酪蛋白的纯度。

（3）乳糖分离时，必须在短时间内完成，否则乳糖会被细菌水解成半乳糖，乳糖过滤后在乙醇中滤液应是澄清的，否则乳糖很难结晶。如果过滤后的溶液不澄清，可以加 1 g 活性炭脱色后过滤。乳糖水解生成一分子半乳糖和一分子葡萄糖，当形成糖脎后可通过显微镜看到不同形状的美丽结晶，同时采用纯乳糖、半乳糖和葡萄糖的糖脎作对照。

（4）苯肼试剂有毒，小心使用，勿触及皮肤，如触及皮肤先用稀醋酸洗，再用水洗。

实验二、酶的专一性及影响酶促反应的因素

一、酶的基本性质——底物专一性

(一) 实验目的
(1) 掌握验证酶的专一性的基本原理及方法。
(2) 学会排除干扰因素，设计酶学实验。

(二) 实验原理
酶是一种具有催化功能的蛋白质。酶蛋白结构决定了酶的功能——酶的高效性，酶催化的反应（酶促反应）要比相应的没有催化剂的反应快 $10^3 \sim 10^{17}$ 倍。酶催化作用的一个重要特点是具有高度的底物专一性，即一种酶只能对某一种底物或一类底物起催化作用，对其他底物无催化反应。根据各种酶对底物的选择程度不同，它们的专一性可以分为下列几种。

(1) 相对专一性。一种酶能够催化一类具有相同化学键或基团的物质进行某种类型的反应。

(2) 绝对专一性。有些酶对底物的要求非常严格，只作用于一种底物，而不作用于任何其他物质。如脲酶只能催化尿素进行水解而生成二氧化碳和氨。如麦芽糖酶只作用于麦芽糖而不作用其他双糖，淀粉酶只作用于淀粉，而不作用于纤维素。

(3) 立体异构专一性。有些酶只作用于底物的立体异构物中的一种，而对另一种则全无作用。如酵母中的糖酶类只作用于 D-型糖，而不能作用于 L-型的糖。

本实验以唾液淀粉酶、蔗糖酶催化作用来观察酶的专一性。采用 Benedict 试剂检测反应产物。

Benedict 试剂是碱性硫酸铜溶液，具有一定的氧化能力，能与还原性糖的半缩醛羟基发生氧化还原反应，生成砖红色氧化亚铜沉淀。

在分子结构上，淀粉几乎没有还原性，而蔗糖、棉子糖全无半缩醛基，它们均无还原性，因此它们与 Benedict 试剂无呈色反应。淀粉被淀粉酶水解，产物为葡萄糖；蔗糖和棉子糖被蔗糖酶水解，其产物为果糖和葡萄糖，它们都是具有自由半缩醛羟基的还原糖，与 Benedict 试剂共热，即产生红棕色 Cu_2O 沉淀。本实验以此颜色反应观察淀粉酶、蔗糖酶对淀粉和蔗糖的水解作用。

（三）材料、仪器和试剂

1. 材料

蔗糖酶（市售）；唾液淀粉酶（新鲜唾液中）。

2. 仪器

漏斗、脱脂棉花、恒温水浴（37℃，100℃）、量筒、试管、烧杯、吸量管。

3. 试剂

蔗糖酶液：蔗糖酶液加蒸馏水适当稀释，备用。

唾液淀粉酶液（学生自制）：用自来水漱口 3 次，然后取 20 mL 蒸馏水含于口中，30 s 后吐入烧杯中，用纱布过滤，取滤液 10 mL，稀释至 20 mL，即为稀释唾液，供实验用。唾液稀释倍数因人而异，可根据具体情况适当稀释。

5% 蔗糖（A. R.）溶液。

0.5% 淀粉溶液（含 0.3% NaCl）。

Benedict 试剂（班氏试剂）：称量 173 g 柠檬酸钠和 100 g 无水碳酸钠，加 600 mL 蒸馏水，加热溶解，冷却后为 B 液。再取 17.3 g 五水硫酸铜溶解在 100 mL 热蒸馏水中，冷却后为 A 液，慢慢将 A 溶液加入 B 溶液中，边加边搅拌，最后用蒸馏水定容至 1 L，即为班氏试剂。若溶液不澄清时可过滤之。此试剂可长期保存。

（四）操作步骤

1. 检查试剂

取 3 支试管，按表 38 操作。

表 38　检查试剂操作表

试剂	试管编号		
	1	2	3
0.5% 淀粉溶液（mL）	3		
5% 蔗糖溶液（mL）		3	
蒸馏水（mL）			3
Benedict 试剂（mL）	2	2	2
	摇匀，置沸水浴煮沸 2~3 min		
记录观察结果			

2. 淀粉酶的专一性

取 3 支试管，按表 39 操作。

表 39　淀粉酶的专一性加样表

试剂	试管编号		
	4	5	6
0.5% 淀粉溶液（mL）	3		
5% 蔗糖溶液（mL）		3	

（续表）

试剂	试管编号		
	4	5	6
蒸馏水（mL）			3
唾液淀粉酶液（mL）	1	1	1
	摇匀，置37℃水浴保温 10 min		
Benedict 试剂（mL）	2	2	2
	摇匀，置沸水浴煮沸 2~3 min		
记录观察结果			

注：可增加一组唾液淀粉酶液经100℃加热 3 min 处理后的样品对照组。

3. 蔗糖酶的专一性

取 3 支试管，按表 40 操作。

表 40　蔗糖酶的专一性加样表

试剂	试管编号		
	7	8	9
0.5%淀粉溶液（mL）	3		
5%蔗糖溶液（mL）		3	
蒸馏水（mL）			3
蔗糖酶液（mL）	1	1	1
	摇匀，置 37℃水浴保温 10 min		
Benedict 试剂（mL）	2	2	2
	摇匀，置沸水浴煮沸 2~3 min		
记录观察结果			

注：可增加一组蔗糖酶液经100℃加热 3 min 处理后的样品对照组。

（五）实验结果与分析

观察淀粉酶（4、5、6号试管）和蔗糖酶（7、8、9号试管）的试管颜色变化，并拍照，分析出现此结果的原因。

【思考题】

1. 酶专一性实验为什么要设计这 3 组实验？每组各有何意义？蒸馏水有何用？

2. 将酶液煮沸 10 min 后，重做步骤 2、3 的操作，观察有何结果？

3. 在此实验中，为什么要用 0.5%淀粉（0.3% NaCl）溶液？0.3% NaCl 的作用是什么？

二、影响酶活性的因素——pH 值、激活剂和抑制剂

pH 值、激活剂和抑制剂影响的具体操作方法参考本书的实验十、淀粉酶动力学性质观察。

三、影响酶活性的因素——温度

(一) 实验目的

(1) 了解温度对酶活力的影响。

(2) 学习测定最适温度的原理和方法。

(二) 实验原理

酶的催化反应受温度影响很大，每一种酶所催化的反应，在一定条件下，仅在某一温度范围内表现出最大的活力，即反应速度最大时的温度，这个温度称为该酶促反应的最适温度，高于或低于最适温度时，反应速度逐渐下降。因此，酶促反应与温度的关系，用酶活力对温度作图，通常具有钟罩形曲线特征。温度与酶活力的关系测定是选择一定的条件，把底物浓度、酶浓度、反应时间、pH 值等固定在最适状态下，然后在一系列不同温度条件下，进行反应初速度测定，以酶反应初速度对温度作图，可以得一个钟罩形的曲线，即为温度-酶活性曲线，在某温度有一酶活力最大值，这个温度即为最适温度。

实验①利用唾液淀粉酶为试验对象，在 0~65℃ 选择不同的温度，进行酶活力测定。根据淀粉被唾液淀粉酶水解的程度不同，遇碘呈现颜色的变化来判断酶活力的大小及最适温度。

实验②采用蔗糖酶为试验对象，在室温至 75℃ 选择不同温度进行酶活力测定。蔗糖酶的活力常以其反应产物还原糖 (葡萄糖) 的生成量来表示。测定还原糖的方法很多，本实验选择 3,5-二硝基水杨酸法测定还原糖量。在碱性条件下，3,5-二硝基水杨酸与还原糖溶液共热后被还原成红色氨基化合物，并在一定浓度范围内，还原糖的量与反应溶液所呈棕红色物质颜色的深浅程度成正比。因此，可以用分光光度法测定酶促反应后生成的还原糖量，从而测定蔗糖水解的速度和酶活力。

(三) 材料、仪器和试剂

1. 材料

蔗糖酶液 (市售)；新鲜唾液。

2. 仪器

试管及试管架、恒温水浴、移液管、滴管、白色瓷盘、分光光度计、制冰机。

3. 试剂

(1) 0.2 mol/L 醋酸缓冲液 (pH 值 4.6)。

(2) 5%蔗糖 (A.R.) 溶液 (W/V)。

(3) 3,5-二硝基水杨酸 (简称 DNS) 试剂。

(4) 0.5%淀粉溶液 (含 0.3%NaCl)。

（5）KI-I$_2$溶液。

（四）操作步骤

1. 温度对唾液淀粉酶活力的影响

观察温度对酶活动的影响：取5支试管，按表41操作。

表41　温度对唾液淀粉酶活力的影响加样表

试剂	试管编号				
	1	2	3	4	5
0.5%淀粉溶液（mL）	2	2	2	2	2
温度（℃）	冰浴约0℃	室温	37	50	65
	各保温5 min				
唾液淀粉酶（mL）	1	1	1	1	1
	将试管内溶液混匀后，置各相应温度，保温10 min				
KI-I$_2$溶液（滴）	1	1	1	1	1
记录颜色变化					

绘制温度-酶活力曲线图

以反应温度为横坐标，反应液颜色的深浅程度（代表酶活力的大小）为纵坐标。绘制温度-酶活力曲线（钟罩形），确定唾液淀粉酶的最适温度。

2. 温度对蔗糖酶活力的影响

取试管6支进行编号，0号管为空白对照，以蒸馏水代替酶液，1~5号顺序为测定管。按表42加样。

表42　温度对蔗糖酶活力的影响加样表

试剂条件	试管编号					
	0	1	2	3	4	5
反应温度（℃）	室温	室温	37	50	65	75
0.2 mol/L醋酸缓冲液（pH值4.6）（mL）	1	1	1	1	1	1
5%蔗糖溶液（mL）	0.5	0.5	0.5	0.5	0.5	0.5
	预热3 min					
稀释蔗糖酶液（mL）（作相应的预温）	0	0.5	0.5	0.5	0.5	0.5
蒸馏水（mL）	0.5	0	0	0	0	0
	各自温度保温反应10 min					
3,5-二硝基水杨酸（mL）（min）	1	1	1	1	1	1
	混匀后，100℃加热5 min					

从沸水中取出试管用流水冷却至室温后，向各管加入5 mL蒸馏水，充分混

匀。以 0 号管作空白对照，在分光光度计上于 520 nm 波长处测定各管的 A520 值，并作好记录。

（五）实验结果与分析

绘制温度–酶的活力曲线图

以反应温度为横坐标，相应的 A520（表示反应初速度）为纵坐标，绘制出温度–酶活力（A520 值）曲线图，从而可以测出蔗糖酶在本实验条件下的最适温度。

（六）注意事项

（1）加入酶液后，务必充分摇匀，保证酶与全部底物接触的反应，才能得到理想的颜色梯度变化结果。

（2）碘化钾–碘液不要过早地加到白色瓷盘上，以免碘液挥发，影响显色效果。

（3）各管保温时间要相同。

【思考题】

1. 什么是酶的最适温度？有何用途？

2. 酶反应的最适温度是酶特性的物理常数吗？它与哪些因素有关？

3. 通过以上几个酶学实验，总结酶有哪些特性，影响酶活性的因素有哪些？在实际应用中应注意哪些问题？

实验三、新疆特色水果品质分析

学生自行选择一个新疆特色水果，测定如下指标。

一、蛋白质含量测定

具体测定方法参考实验四。

二、糖含量测定

具体测定方法参考实验十七。

三、维生素 C 含量测定

具体测定方法参考实验十五。

四、总黄酮含量测定

具体测定方法如下。

黄酮类化合物是广泛存在于植物界的一大类天然产物，种类繁多，大多数黄酮类化合物与葡萄糖或鼠李糖结合成苷，部分为游离态或与鞣质结合存在。黄酮化合物系色原烷或色原酮的 2-或 3-苯基衍生物，一般具有 C6-C3-C6 的基本骨架结构。近年来，黄酮类化合物以其广谱的药理作用备受青睐，人们对含有黄酮的化合物进行大量研究，以期获得黄酮含量较高的中草药。因此，黄酮的含量测定成为研究的关键步骤。

（一）高效液相色谱法

1. 实验目的

掌握高效液相色谱法测定植物总黄酮的方法和原理；学会高效液相色谱法。

2. 实验原理

植物类样品用石油醚脱脂后，经甲醇加热回流提取，以高效液相色谱法分离，在紫外检测器 360 nm 条件下，以保留时间定性、峰面积定量。

3. 材料、仪器与试剂

（1）材料。

黑果枸杞、葡萄、苹果等地方品种水果。

（2）仪器。

① 高效液相色谱仪。

② 紫外检测器。

③ 层析柱。

④ 超声波清洗仪。

⑤ 索氏提取器。

⑥ 微孔过滤器（滤膜 0.45 μm）。

（3）试剂。

① 甲醇（色谱纯）。

② 芦丁标准品。

③ 石油醚。

④ 盐酸。

⑤ 磷酸（分析纯）。

⑥ 去离子水。

⑦ 芦丁标准溶液。精确称取经 105℃ 干燥恒重的芦丁标准品 15.0 mg，加甲醇溶解并定容至 100 mL，配成 150 μg/mL 的芦丁标准溶液。

4. 操作步骤

（1）样品处理。

① 固体样品：称取 2.0 g 干燥的固体样品，研细，置于索氏提取器中，用石油醚（60~90℃）提取脂肪等脂溶性成分，弃去石油醚提取液，剩余物挥去石油醚，加入甲醇 50 mL 和 25%HCl 5 mL，80℃水浴回流水解 1 h，取出后快速冷却至室温，转移至 50 mL 容量瓶中，甲醇定容，经 0.45 μm 滤膜过滤，供分析用。

② 液体样品：准确吸取样品 2.0 mL，直接以石油醚萃取脱脂，挥去石油醚后，以甲醇溶解并定容，经微孔滤膜（0.45 μm）滤过后供测定用。

（2）色谱分离条件。

色谱柱：CLC-ODS，6 mm×150 mm，5 μm。

流动相：0.3%磷酸水溶液：甲醇（$V:V$）= 40：80，临用前用超声波脱气；流速：1 mL/min；柱温：40℃；检测波长：360 nm；灵敏度：0.02AUFS；进样量：20 μL。

（3）样品测定。

准确吸取样品处理液和标准液各 10 μL，注入高效液相色谱仪进行分离。

5. 结果计算

以其标准溶液峰的保留时间定性，以其峰面积计算出样品中总黄酮的含量。

$$X = \frac{S_1 \times c \times V}{S_2 \times m}$$

式中：X——样品中总黄酮含量，μg/g 或者 μg/mL；

　　　S_1——样品峰面积；

c——标准溶液浓度，$\mu g/mL$；

S_2——标准溶液峰面积；

V——样品提取液总体积，mL；

m——样品质量或者样品体积，g 或 mL。

（二）分光光度法

1. 实验目的

掌握分光光度法测定植物总黄酮的方法和原理。

2. 实验原理

黄酮类化合物是具有苯并吡喃环结构的一类天然化合物的总称，一般都具有 4 位羰基，且呈现黄色。黄酮类化合物的 3-羟基、4-羟基或 5-羟基、4-羰基或邻二位酚羟基，与铝盐进行络合反应，在碱性条件下生成红色的络合物。

本方法对样品中黄酮类化合物进行提取纯化后，用分光光度法于 510 nm 波长下测定其吸光度，与芦丁标准品比较，进行待测物中总黄酮的定量测定。

3. 材料、仪器与试剂

（1）材料。

黑果枸杞果实、葡萄、苹果等新疆特色水果。

（2）仪器设备。

分光光度计、索氏提取器、真空泵、恒温水浴锅、分液漏斗、盐基交换管等。

（3）试剂。

① 芦丁标准品。

② 亚硝酸钠，硝酸铝，氢氧化钠（分析纯）。

③ 氯仿，无水乙醇，甲醇（分析纯）。

④ 5%香草醛溶液：称取 5 g 香草醛，加冰乙酸溶解并定容至 100 mL。

⑤ 聚酰胺树脂。

⑥ 去离子水。

4. 操作步骤

（1）样品处理。

① 固体样品：称取 1~2 g 干燥的固体样品，用滤纸包紧，置于索氏提取器中，加入 50~100 mL 70%乙醇溶液浸润后，在 80℃水浴下回流 3 h，至提取液无色为止。粗提液冷却后，减压抽滤，并用少量 25%乙醇溶液洗涤滤渣，合并滤液。在 50℃下减压蒸馏，除去其中的乙醇，直至索氏提取器内溶液呈无醇味。倒出容器内溶液，用 30 mL 热水分 3 次洗涤，抽滤后，将滤液倒入分液漏斗中，以 75 mL 氯仿分 3 次萃取脱脂，待完全分层后，收集各次下层水溶液并定容至 50 mL。

称取 1~2 g 经预处理的聚酰胺树脂粉末，湿法装柱，用水饱和。吸取上述脱脂后的水溶液 1~2 mL，沿层析柱漫漫滴入柱内，放置一定时间，待测液被充分吸附后，用 70% 乙醇或甲醇洗脱，流速为 1.0 mL/min，至流出液基本无色，一般收集 10 mL 即可。上述洗出液用洗脱剂定容后即可用于测定。

② 液体样品：准确吸取 1.0 mL 样品，定容至 50 mL 后，直接以 75 mL 氯仿分 3 次萃取脱脂，其余步骤同上。

（2）标准曲线的绘制。

准确吸取芦丁标准溶液 0 mL、0.50 mL、1.00 mL、2.00 mL、3.00 mL、4.00 mL（相当于芦丁 0 μg、75 μg、150 μg、300 μg、450 μg、600 μg），移入 10 mL 刻度比色管中，加入 30% 乙醇溶液至 5 mL，各加 5% 亚硝酸钠溶液 0.3 mL，振摇后放置 5 min，加入 10% 硝酸铝溶液 0.3 mL，摇匀后放置 6 min，加 1.0 mol/L 氢氧化钠溶液 2 mL，用 30% 乙醇定容至刻度。摇匀，放置 15 min，于 510 nm 波长处测定吸光度，以零管为空白，以芦丁含量（μg）为横坐标，以吸光度为纵坐标绘制标准曲线，计算相关系数（r）。

（3）样品测定。

根据样品中总黄酮含量高低，取适宜体积待测液，按标准曲线制备操作步骤于 510 nm 处进行吸光度的测定（样液如有沉淀，应过滤后测定）。

5. 结果计算

根据标准工作曲线，求出相当于样品吸光度的芦丁含量，按下式求出总黄酮含量。

$$X = \frac{m_1 \times V_2}{m \times V_1 \times 10^6} \times 100$$

式中：X——样品中总黄酮含量，g/100 g 或者 g/100 mL；

　　　　m_1——根据标准曲线计算出待测液中黄酮的量，μg；

　　　　m——样品质量或者样品体积，g 或 mL；

　　　　V_1——样品提取液测定用体积，mL；

　　　　V_2——样品提取液总体积，mL。

【思考题】

1. 总黄酮的作用有哪些？

2. 为什么测植物中总黄酮的含量多用芦丁做对照品？

实验四、新疆特色动物生化指标分析

一、新疆特色动物肉与肉制品中蛋白质含量的测定
（凯氏定氮法）

（一）实验目的

掌握凯氏定氮法测定蛋白质的原理及操作技术，包括样品的消化处理、蒸馏、滴定及蛋白质含量计算等。

（二）实验原理

在凯氏定氮过程中，样品中的蛋白质和其他有机成分在催化剂存在下，被硫酸消化，总有机氮转化成硫酸铵，然后碱化蒸馏，中和消化液使氨游离，并将氨蒸馏至硼酸溶液中形成硼酸铵，用标准酸溶液滴定，测出样品转化后的氮含量。由于非蛋白组分中也含有氮，所以此方法的分析结果为样品中的粗蛋白含量。

（三）材料、仪器和试剂

1. 材料

新疆地方品种羊肉或肉制品。

2. 仪器

凯氏定氮蒸馏装置（图 17）、分析天平、凯氏烧瓶、酸式滴定管、容量瓶、量筒、吸管、托盘天平、三角烧瓶等。

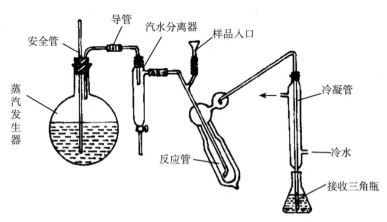

图 17 凯氏蒸馏装置

3. 试剂

所有试剂均用不含氨的蒸馏水配制。

（1）硫酸铜，消化过程中加入硫酸铜是为了增加反应速度，硫酸铜可以起催化剂的作用。

（2）硫酸钾，在消化过程中添加硫酸钾，它可与硫酸反应生成硫酸氢钾，可提高反应温度（纯硫酸沸点330℃，添加硫酸钾后，可达400℃），加速反应过程。

（3）硫酸。

（4）2%硼酸溶液。

（5）混合指示剂，1份0.1%甲基红乙醇溶液与5份0.1%溴甲酚绿乙醇溶液临用时混合。也可用2份0.1%甲基红乙醇溶液与1份0.1%次甲基蓝乙醇溶液临用时混合。用稀酸或稀碱调节，使呈淡紫红色，溶液的pH值应为4.5。

（6）0.05 mol/L硫酸标准溶液或盐酸标准溶液。0.05 mol/L盐酸：取浓盐酸溶液4.3 mL，加水稀释至1 000 mL，用基准物质标定。

（7）40%的NaOH溶液：称取氢氧化钠40 g，加蒸馏水60 mL溶解。

（四）操作步骤

1. 样品处理

精密称取0.2~2.0 g固体样品或2~5 g半固体样品或吸取10~20 mL液体样品（含氮量5~80 mg），准至0.000 2 g，肉及肉制品取样量为0.8~1.2 g。移入干燥的100 mL或500 mL定氮瓶中，加入0.2 g硫酸铜、3 g硫酸钾及20 mL硫酸，稍摇匀后于瓶口放一小漏斗，将瓶以45°斜支于有小孔的石棉网上。小心加热，待内容物全部碳化，泡沫完全停止后，加强火力（360~410℃），并保持瓶内液体微沸至液体呈蓝绿色澄清透明后，再继续加热30 min。取下放冷，小心加20 mL水，放冷后，移入100 mL容量瓶中，并用少量水洗定氮瓶，洗液并入容量瓶中。再加水至刻度，混匀备用。取与处理样品相同量的硫酸铜、硫酸钾、硫酸铵同一方法做试剂空白试验。

2. 装置凯氏定氮蒸馏装置

按图装好定氮蒸馏装置，在水蒸气发生瓶内装水至约2/3处，加甲基红指示液数滴及数毫升硫酸，以保持水呈酸性。加入数粒玻璃珠以防暴沸，加热煮沸水蒸气发生瓶内的水。

3. 半微量蒸馏

向锥形瓶内加入10 mL 2%硼酸溶液及混合指示液1滴，并使冷凝管的下端浸入液面下。准确移取样品消化液10 mL注入蒸馏装置的反应室中，用少量蒸馏水冲洗进样入口，立即将夹子夹紧，再加10 mL氢氧化钠溶液，小心松动夹子使之流入反应室，将夹子夹紧，且在入口处加水密封，防止漏气。蒸馏5 min降下锥形瓶使冷凝管末端离开吸收液面，再蒸馏 1 min，用蒸馏水冲洗冷凝管末端，洗液均流入锥形瓶内，然后停止蒸馏。取下接收瓶，将其滴定至终点。

4. 滴定

蒸馏后的吸收液立即用 0.05 mol/L 硫酸或 0.05 mol/L 盐酸标准溶液（邻苯二甲酸氢钾法标定）滴定，溶液由蓝绿色变成灰色或灰红色为终点。

同时吸取 10 mL 空白液按上述方法蒸馏。

（五）结果计算

$$粗蛋白质（\%）= \frac{(v_2-v_1)\times c\times 0.014\,0\times 6.25}{m\times\dfrac{V'}{V}}\times 100$$

式中：v_2——滴定样品时所需标准酸溶液体积，mL；

$\quad\quad v_1$——滴定空白样品时所需标准酸溶液体积，mL；

$\quad\quad c$——盐酸标准溶液浓度，mol/L；

$\quad\quad m$——试样质量，g；

$\quad\quad V$——试样消化液总体积，mL；

$\quad\quad V'$——试样消化液蒸馏用体积，mL；

$\quad$ 0.014 0——与 1.00 mL 盐酸标准溶液（1.000 mol/L）相当的、以克表示的氮的质量；

$\quad\quad$ 6.25——氮换算成蛋白质的平均系数。蛋白质中氮含量一般为 15%～17.6%，按 16% 计算，乘以 6.25 即为蛋白质。肉与肉制品为 6.25，乳制品为6.38，白粉为 5.70，玉米、高粱为 6.24，大豆及其制品为 5.71。

（六）**盐酸溶液的标定方法**

间接标定法

1. 基准物质的称取和溶解

将分析纯的邻苯二甲酸氢钾于 100～105℃ 的烘箱内烘干 1 h，准确称取 0.1 g 左右，共取 3 份，分别置 250 mL 三角瓶中，加蒸馏水 50 mL 溶解。

2. 0.02 mol/L NaOH 溶液的配制

称取分析纯的氢氧化钠 0.4 g，溶于 500 mL 水中，待标定。

3. NaOH 溶液的标定

给装有邻苯二甲酸氢钾的三角瓶加入酚酞指示剂两滴，用氢氧化钠溶液滴定至微红色，半分钟颜色不消失即到终点。根据氢氧化钠溶液的用量计算其准确的当量浓度，平行标定的精密度应在 0.2% 以内。

$$N_{NaOH}=\frac{W}{E}\times\frac{1\,000}{V_{NaOH}}$$

N_{NaOH}——氢氧化钠溶液的当量浓度；

　　W——基准物质的重量（g）；

　　E——基准物质的克当量（g）；

　　V_{NaOH}——氢氧化钠溶液的体积（mL）。

4. HCl 溶液的标定

准确量取被测的盐酸溶液 25 mL，共 3 份，置 50 mL 三角瓶中，加入酚酞指示剂两滴，用氢氧化钠溶液滴至微红色，半分种不褪色即可。根据氢氧化钠溶液的用量计算盐酸溶液的准确当量浓度，精密度应在 0.2% 以内。

$$N_{HCl} = \frac{N_{NaOH} \cdot V_{NaOH}}{V_{HCl}}$$

直接标定法

1. 基准物质的称取和溶解

在分析天平上准确称取 0.1 g 左右的优级纯硼砂（学名：四硼酸钠；化学式 $NaB_4O_7 \cdot 10H_2O$；式量：381.37；注意：硼砂的结晶水很容易风化损失，所以称前不宜烘烤），共 3 份，分别装入 250 mL 三角瓶中，加蒸馏水 50 mL 溶解。

2. HCl 溶液的标定

给盛硼砂溶液的三角瓶中加入甲基红-溴甲酚绿混合指示剂两滴，用盐酸溶液滴定到淡紫红色即到终点，根据盐酸溶液消耗的体积按间接法步骤 3 计算其准确的当量浓度。

（七）重复性要求

每个试样取 3 个平行样进行测定，以其算术平均值为结果。

当粗蛋白质含量在 25% 以上时，允许相对偏差为 1%。

当粗蛋白质含量在 10%~25% 时，允许相对偏差为 2%。

当粗蛋白质含量在 10% 以下时，允许相对偏差为 3%。

（八）凯氏定氮法的优缺点

1. 优点

（1）可用于所有食品、饲料等蛋白质分析中。

（2）操作相对比较简单。

（3）实验费用较低。

（4）结果准确，是一种测定蛋白质的经典方法。

（5）用改进方法（微量凯氏定氮法）可测定样品中微量的蛋白质。

2. 缺点

（1）最终测定的是总有机氮，而不只是蛋白质氮。

（2）实验时间较长（至少需要 6 h 才能完成）。

（3）精度差，精度低于双缩脲法。

（4）所用试剂有腐蚀性。

二、新疆特色动物肉与肉制品中脂肪含量的测定（索氏抽提法）

（一）实验目的

掌握索氏抽提法测定粗脂肪含量的原理和操作方法。

（二）实验原理

试样与稀盐酸共同煮沸，游离出包含的和结合的脂类部分，过滤得到的物质，干燥，然后用正己烷或石油醚抽提留在滤器上的脂肪，除去溶剂，即得脂肪总量。

索氏抽提器（图18）由抽提管（A）、接收瓶（B）和回流冷却器（C）3个部分组成。在抽提时，抽提管下端与接收瓶相接，而冷却器则与抽提管上端相接，抽提管经过蒸汽导管（D）与接收瓶相通，以供醚的蒸汽由接收瓶进入抽提管中。而提取液则通过虹吸管（E）重新回流到接收瓶中。接收瓶在水浴上加热，所形成的蒸汽从导管（D）进入冷却器，并于冷却器中冷凝。被冷凝的醚滴入抽提管中，进行抽提，将脂肪抽出。当吸有脂肪的溶剂超过虹吸管（E）的顶端时，则发生虹吸作用，使溶剂回流到接收瓶中，一直到溶剂吸净，则虹吸管自动吸空。回流到接收器的溶剂继续受热蒸发。再经过冷却器冷凝重

A：抽提管
B：接收瓶
C：回流冷却器
D：蒸汽导管
E：虹吸管

图18 索氏抽提器

新滴入抽提管中，如此反复提取，将脂肪全部抽出。由于有机溶剂的抽提物中除脂肪外，还含有游离脂肪酸、甾醇、磷脂、蜡及色素等类脂物质，因而抽提法测定的结果只能是粗脂肪。

（三）材料、仪器和试剂

1. 材料

新鲜南疆地方品种羊肉。

2. 仪器

滤纸袋或滤纸、针、线、恒温水浴锅、铁架台及铁夹、烘箱、小烧杯、分析天平、托盘天平、干燥器、绞肉机（孔径不超过4 mm）、索氏抽提器。

3. 试剂

所用试剂均为分析纯，所用水为蒸馏水或相当纯度的水。

（1）抽提剂。正己烷或30~60℃沸程石油醚。

（2）盐酸溶液（2 mol/L）。

（3）蓝石蕊试纸。

（4）沸石。

（四）操作步骤

1. 取样

取新鲜南疆地方品种羊肉，有代表性的试样至少 200 g，于绞肉机中至少绞两次，使其均质化并混匀。试样必须封闭贮存于一完全盛满的容器中，防止其腐败和成分变化，并尽可能提早分析试样。

2. 酸水解

称取试样 3~5 g，精确至 0.001 g，置 250 mL 锥形瓶中，加入 2 mol/L 盐酸溶液 50 mL，盖上小表面皿，于石棉网上用火加热至沸腾，继续用小火煮沸 1 h 并不时振摇。取下，加入热水 150 mL，混匀，过滤。锥形瓶和小表面皿用热水洗净，一并过滤。沉淀用热水洗至中性（用蓝石蕊试纸检验）。将沉淀连同滤纸置于大表面皿上，连同锥形瓶和小表面皿一起于（103±2）℃干燥箱内干燥 1 h，冷却。

3. 抽提脂肪

将烘干的滤纸放入衬有脱脂棉的滤纸筒中，用抽提剂润湿的脱脂棉擦净锥形瓶、小表面皿和大表面皿上遗留的脂肪，放入滤纸筒中。将滤纸筒放入索氏抽提器的抽提筒内，连接内装少量沸石并已干燥至恒重的接收瓶，加入抽提剂至瓶内容积的 2/3 处，于水浴上加热，使抽提剂以每 5~6 min 回流 1 次的速度抽提 4 h。

4. 称量

取下接收瓶，回收抽提剂，待瓶中抽提剂剩 1~2 mL 时，在水浴上蒸干，于（103±2）℃干燥箱内干燥 30 min，置干燥器内冷却至室温，称重。重复以上烘干、冷却和称重过程，直到相继两次称量结果之差不超过试样质量的 0.1%。

5. 抽提完全程度验证

用第二个内装沸石、已干燥至恒重的接收瓶，用新的抽提剂继续抽提 1 h，增量不得超过试样质量的 0.1%。

同一试样进行两次测定。

（五）结果计算

$$X（\%）= \frac{m_2 - m_1}{m} \times 100$$

式中：X——试样的总脂肪含量，%；

　　　m_2——接收瓶、沸石连同脂肪的质量，g；

　　　m_1——接收瓶和沸石的质量，g；

　　　m——试样的质量，g。

当分析结果符合允许差的要求时，则取两次测定的算术平均值作为结果，精确至 0.1%。

允许差：由同一分析者同时或相继进行的两次测定结果之差不得超过 0.5%。

注：获得的脂肪不能用于脂肪性质的测定。

（六）注意事项

（1）测定用样品、抽提器、抽提用有机溶剂都需要进行脱水处理。

（2）样品粗细度要适宜。样品粉末过粗，脂肪不易抽提干净；样品粉末过细，则有可能透过滤纸孔隙随回流溶剂流失，影响测定结果。

（3）索氏抽提法测定脂肪使用的是有机溶剂石油醚，加热时不能用明火。

【思考题】

1. 测定过程中为什么需要对样品、抽提器、抽提用有机溶剂都要进行脱水处理？

2. 在实验过程中安全使用乙醚应注意哪些问题？

3. 测定样品粒子粗细有什么要求？

三、新疆特色动物肉与肉制品中淀粉含量的测定

滴定法

（一）实验目的

掌握滴定法测定肉制品中淀粉含量的原理和方法。

（二）实验原理

淀粉可在酸水解下全部生成葡萄糖，葡萄糖具有还原性，在碱性溶液中能将高铁氰化钾还原。根据铁氰化钾的浓度和碱液滴定量可计算出含糖量，从而推算出淀粉含量，其反应式如下。

$$(C_6H_{10}O_5)_n + nH_2O \xrightarrow{\text{H}^+} nC_6H_{12}O_6$$

$$C_6H_{12}O_6 + 6K_3Fe(CN)_6 + 6KOH \longrightarrow (CHOH)_4 \cdot (COOH)_2 + 6K_4Fe(CN)_6 + 4H_2O$$

高铁氰化钾　　　　　　　　　　　　　　　　　亚铁氰化钾

滴定终点时，稍微过量的糖即将指示剂次甲基蓝还原为无色的隐色体。无色体易被空气中的氧所氧化，并重新变为次甲基蓝染色体。

（三）材料、仪器和试剂

1. 材料

新疆伊犁熏马肠。

2. 仪器

绞肉机、三角烧瓶、滴定管、上皿天平、量筒、容量瓶、吸管等。

3. 试剂

10%盐酸；20% NaOH 溶液；15%亚铁氰化钾溶液；30%硫酸锌溶液；2.5 mol/L NaOH 溶液；1%次甲基蓝指示剂；1%铁氰化钾标准溶液。

（四）操作步骤

（1）将新疆伊犁熏马肠用绞肉机绞碎，准确称取绞碎样品 20 g 置于 250 mL 三角烧瓶中，加入 80 mL 10%盐酸，煮沸回流 1 h。

（2）冷却后用 20%氢氧化钠溶液中和，移入 250 mL 容量瓶中，加入 3 mL 15%亚铁氰化钾溶液，5 mL 30%硫酸锌溶液，摇匀，加蒸馏水至刻度，摇匀。

（3）将溶液过滤。

（4）将滤液注入 50 mL 滴定管中。

（5）将 3~5 个三角烧瓶中各准确加入 10 mL 1%铁氰化钾标准溶液，2.5 mL 2.5 mol/L NaOH 溶液，1 滴 1%次甲基蓝指示剂，煮沸 1 min。其中一个用于预滴定，滴定至蓝色消失为止。其他几个用于正式滴定，正式滴定时，先加入比预滴定少 0.5 mL 左右的糖液，煮沸 1 min，加指示剂 1 滴，再用滤液滴定至蓝色褪色。

（五）结果计算

$$淀粉（\%）= \frac{K \times (10.05 + 0.0175V) \times A \times 0.9}{10 \times V}$$

式中：0.9——由葡萄糖转换为淀粉的系数。

$$(C_6H_{10}O_5)_n + nH_2O \longrightarrow nC_6H_{12}O_6$$

$$n \times 162.1 \qquad\qquad\qquad n \times 180.12$$

$$淀粉 \qquad\qquad\qquad\qquad 葡萄糖$$

由反应可知，淀粉与葡萄糖之比为 162.1∶180.12 = 0.9∶1，即 0.9 g 淀粉水解后可得 1 g 葡萄糖。

K：1%铁氰化钾标准液校正系数；

A：样品稀释倍数（250/20 = 12.5）；

V：滴定滤液用量，mL；

10.05 与 0.017 5：用 10 mL 标准的铁氰化钾时得出的经验系数。

容量法

（一）实验目的

掌握容量法测定肉制品中淀粉含量的原理和方法。

（二）实验原理

淀粉可在酸水解下生成葡萄糖，然后根据斐林氏容量法测定葡萄糖的含量。

斐林氏 A、B 液混合时，生成的天蓝色 $Cu(OH)_2$ 沉淀。立即与酒石酸钾钠起反应，生成深蓝色的氧化铜和酒石酸钾钠的络合物——酒石酸钾钠铜，酒石酸钾钠铜被葡萄糖和果糖还原，生成红色的氧化亚铜（Cu_2O）沉淀，达到终点时稍微过量的转化糖将蓝色的次甲基蓝染色体还原为无色的隐色体，而显出氧化亚铜的鲜红色。

（三）材料、仪器和试剂

1. 材料

新疆伊犁熏马肠。

2. 仪器

磨口锥瓶、量筒、回流装置、滤纸、漏斗、容量瓶、碱式滴定管、吸管、水浴锅等。

3. 试剂

（1）斐林氏溶液。

斐林氏 A 液：溶解 69.28 g 化学纯的硫酸铜（$CuSO_4 \cdot 5H_2O$）于 1 000 mL 水中，过滤备用。

斐林氏 B 液：溶解 346 g 化学酒石酸钾钠和 100 g 化学纯 NaOH 于 1 000 mL 水中，过滤备用。

斐林氏溶液标定：准确称取经烘干冷却的分析纯蔗糖 1.5 ~ 2.0 g，用蒸馏水溶解并移入 250 mL 容量瓶中，加水至刻度，摇匀。吸取此液 50 mL 于 100 mL 容量瓶中，加盐酸 5 mL，摇匀，置水浴锅中加热，使溶液在 2.0 ~ 2.5 min 内升温至 67 ~ 69℃保持 7.5 ~ 8.0 min，全部加热时间为 10 min。取出，迅速冷却至室温，用 30% NaOH 溶液中和，加水至刻度，摇匀，注入滴定管中（必要时过滤）。

准确吸取斐林 A、B 液各 5 mL 于 250 mL 锥形瓶中，加水约 50 mL，玻璃珠数粒。置石棉网上加热至沸，保持 1 min，加入次亚基兰指示剂 1 滴。再煮沸 1 min，立即用配制好的糖液滴定至蓝色褪尽显鲜红色为终点。正式滴定时，先加入比预试时少 0.5 mL 左右的糖液，煮沸 1 min，加指示剂 1 滴，再煮沸 1 min，继续用糖液滴定至终点，按下式计算其浓度。

$$A = \frac{WV}{500 \times 0.95}$$

式中：A——相当于 10 mL 斐林氏 A 和 B 混合液的转化糖的量（g）；

W——称取得纯蔗糖的量（g）；

V——滴定时消耗的糖液的量（mL）；

500——稀释比（$1/250 \times 50/100$）；

0.95——换算系数（0.95 g 蔗糖可转化为 1 g 转化糖）。

（2）其他：浓盐酸、30% NaOH、12%醋酸锌、6%亚铁氰化钾。

（四）操作步骤

（1）称取新疆伊犁熏马肠样品 5 g，除去脂肪和水（可称用脂肪和水分测定后的残渣）。移入 500 mL 磨口锥瓶中，加 100 mL 水和 7 mL 浓盐酸，加热回流 1 h，冷却，用 30% NaOH 中和之，用滤纸滤入 500 mL 容量瓶中，加 5 mL 12% 醋酸锌和 5 mL 16% 亚铁氰化钾澄清之，加水至刻度，摇匀，过滤。

（2）取滤液 50 mL 于 100 mL 容量瓶中，加盐酸 5 mL，摇匀，置水浴中加热，使溶液在 2.0~2.5 min 内升温至 67~69℃，保持 7.5~8.0 min，使全部加热时间为 10 min。取出，迅速冷却至室温，用 30% NaOH 溶液中和，加水至刻度，摇匀，注入滴定管中（必要时过滤）。

（3）将检液注入滴定管中，吸取斐林氏 A 液和 B 液各 5 mL 于 250 mL 锥形瓶中，按斐林氏溶液的标定方法（仅以检液代替标准糖液，操作完全相同）进行滴定，滴定至蓝色褪尽显鲜红色为终点，记录滴定时消耗的检液的量。

（五）结果计算

按下式计算出含糖量。

$$总糖（以转化糖计\%）= \frac{A \times 1\,000}{W \times V} \times 100$$

式中：A——相当于 10 mL 斐林氏 A 和 B 混合液的转化糖的量（g）；

　　　　W——称取得样品的量（g）；

　　　　V——滴定时消耗的样液的量（mL）；

　　1 000——稀释倍数（100/50×500）。

按下式计算淀粉含量：

$$淀粉（\%）= 转化糖（\%）\times 0.94$$

附　　录

一、常用化合物的性质

（一）实验室常用试剂所具有的性质

试剂具有的性质	试剂名称举例
易潮解吸湿	氧化钙、氢氧化钠、氢氧化钾、碘化钾、三氯乙酸
易失水风化	结晶硫酸钠、硫酸亚铁、含水磷酸氢二钠、硫代硫酸钠
易挥发	氨水、氯仿、醚、碘、麝香草酚、甲醛、乙醇、丙酮
易吸收 CO_2	氢氧化钠、氢氧化钾
易氧化	硫酸亚铁、醚、醛、酚、抗坏血酸和一切还原剂
易变质	丙酮酸钠、乙醚和一切生物制品（常需要冷藏）
见光变色	硝酸根（变黑）、酚（变淡红）、氯仿（产生光气）、茚三酮（变淡红）
见光分解	过氧化氢、氯仿、漂白粉、氢氰酸、
见光氧化	乙醚、醛类、亚铁盐和一切还原剂
易爆炸	苦味酸、硝酸盐类、过氯酸、叠氮化钠
剧毒	氰化钾（钠）、汞、砷化物、溴
易燃	乙醚、甲醇、乙醇、丙酮、苯、甲苯、二甲苯、汽油
腐蚀	强酸、强碱、酚

注：具有易潮解吸湿、易失水风化、易挥发、易吸收 CO_2、易氧化、易变质等性质的试剂在保存时需要密封，可以先加塞封紧，然后再用蜡封口，有的还需要保存在干燥器内，干燥剂可以用生石灰、无水氯化钙和硅胶，一般不宜用硫酸。具有见光变色、见光分解、见光氧化等性质的试剂在保存时需要避光，可置于棕色的瓶内或用黑纸包装。具有易爆炸、剧毒、易燃、腐蚀等性质的试剂需要按相关要求采用特殊方法保管。

（二）实验室常用酸碱试剂性质及配制

试剂	分子式	相对分子质量	密度（g/cm³）	质量分数（%）	摩尔浓度（mol/L）	配制 1 mol/L溶液的加入量（mL/L）
硫酸	H_2SO_4	98.09	1.84	95.3	18	54.5
磷酸	H_3PO_4	80	1.7	85	18.1	67.8
高氯酸	$HClO_4$	100.5	1.67	70	11.65	85.8
			1.54	60	9.2	108.7
乙酸	CH_3COOH	60.5	1.05	99.7	17.4	159.5
			1.075	80	14.3	
盐酸	HCl	36.47	1.19	37.2	12	86.2
			1.18	35.2	11.3	344.8

试剂	分子式	相对分子质量	密度（g/cm³）	质量分数（%）	摩尔浓度（mol/L）	配制 1 mol/L 溶液的加入量（mL/L）
			1.1	20	6	
硝酸	HNO₃	63.02	1.42	70.98	16	62.5
			1.4	65.6	14.5	67.1
			1.37	61	13.3	75.2
氨水	NH₄OH	35	0.898	28	14.8	67.6
氢氧化钠	NaOH	40	1.53	50	19.1	52.4
			1.11	10	2.75	363.6
氢氧化钾	KOH	56.1	1.52	50	13.5	74.1
			1.09	10	1.94	515.5

（三）实验室常用有毒药品及防范

（1）溴化乙啶（EB）。具有强诱变致癌性，使用时一定要戴一次性手套，注意操作规范，不要随便触摸别的物品。

（2）DEPC（焦碳酸二乙酯）。有香味，是一种强有力的蛋白质变性剂，可能是致癌剂。开瓶时尽可能远离瓶子，内压可导致溅泼。操作时戴合适的手套，穿工作服，并在化学通风橱里进行。

（3）PMSF（苯甲基磺酰氟）。是一种高强度毒性的胆碱酯酶抑制剂，它对呼吸道黏膜、眼睛和皮肤有非常大的破坏性，可因吸入、咽下或皮肤吸收而致命。戴合适的手套和安全眼镜，始终在化学通风橱里使用。在接触到的情况下，要立即用大量的水冲洗眼睛或皮肤，已污染的工作服丢弃掉。

（4）乙腈。易挥发易燃，是一种刺激物和化学窒息剂，通风橱中远离热、火。

（5）放线菌素 D。是一种致畸剂和致癌剂，通风橱中操作。

（6）alpha-鹅膏蕈毒环肽。具有强毒性，可能致命。

（7）NN-亚甲双丙烯酰胺。有毒，影响中枢神经系统，切勿吸入粉末。

（8）甲醇。有毒，能引起失明。

（9）乙酸（浓）。可能因为吸入或皮肤吸收而受到伤害，要戴手套和护目镜，最好在化学通风橱中操作。

（10）过硫酸铵。对黏膜和上呼吸道、眼睛和皮肤有较大危害性，吸入可致命。操作时戴手套、护目镜。始终在通风橱中操作。

（11）氯化铯。可因吸入、咽下或皮肤吸收而危害健康。操作时戴手套和护目镜。

（12）DTT。很强的还原剂，散发难闻的气味。可因吸入、咽下或皮肤吸收而危害健康。当使用固体或高浓度储存液时，戴手套和护目镜，在通风橱中操作。

（13）甲醛。毒性较大且易挥发，也是一种致癌剂，易通过皮肤吸收，对眼睛、黏膜和上呼吸道有刺激和损伤作用。戴手套和护目镜。始终在通风橱中操作。远离热、火花及明火。

（14）TRIzol。对眼睛有刺激性，腐蚀皮肤。如果溅到皮肤，马上用大量的水冲洗。

（15）叠氮钠。有毒，阻断细胞色素电子运送系统。

（16）氟化钠。有毒可致命，通风橱中操作。

（17）放射性物质（同位素标记时）。要戴手套，护目镜，穿工作服，最好买试剂盒（如果有商品化的）。

（18）beta-巯基乙醇。可致命，对呼吸道、皮肤和眼睛有伤害。

（19）氨甲蝶呤。致癌和致畸。

（20）双丙烯酰胺。神经毒剂，效应累积。

（21）二甲肿酸钠。致癌，有毒。

（22）链霉素。致癌，引起过敏反应。

（23）哌啶。有毒，对眼睛和呼吸道有影响，远离热和火。

（24）腐胺。易燃，有腐蚀性，远离热和火。

（25）硫酸镍。致癌，引起遗传损伤。

（26）肼。有毒，能爆炸，远离热和火。

二、试剂的配制、使用规则及常用缓冲液的配制方法

（一）试剂配制注意事项

（1）按照每一实验及其精度的要求选择合适级别的试剂，以免造成浪费。有些试剂必要时要重结晶加以提纯（如草酸作为基准物质使用时必须重结晶）。

（2）一般溶液都应用蒸馏水或无离子水配制，有特殊要求的除外。

（3）称量要精确，标准液的配制应按不同要求进行处理（如按规定进行干燥、称重、提纯）。

（4）试剂应根据需要量配制，一般不宜过多，以免积压浪费，过期失效。根据需要合理使用。

（5）试剂（特别是液体）一经取出，不得放回原瓶，以免因量器或药勺不洁净而玷污整瓶试剂。取固体试剂时，必须使用洁净干燥的药勺。

（6）配制试剂所用的玻璃器皿都要洁净干燥。存放试剂的试剂瓶应洁净干燥。

（7）试剂瓶要贴标签，写明试剂名称、浓度、配制日期及配制人。

（8）试剂用后要用原瓶塞塞紧，瓶塞不得沾有其他污物或沾污桌面。

（9）易变质的化学试剂，过期后不能继续使用。

（10）见光易分解的试剂应在避光、阴凉或通风处存放。易氧化的试剂注意密封。易挥发试剂在通风橱中配制。配制腐蚀性试剂时要戴手套。

（二）试剂的使用规则

（1）使用强酸、强碱试剂操作时一定要小心谨慎，吸取用洗耳球，以免溅出，伤害皮肤。

（2）使用易燃物（如乙醇、乙醚、丙酮、苯、金属钠等）要远离火源，特别是低沸点的有机溶剂只能用温水浴加热，而且只能从冷水加热开始，在水浴上利用回流冷凝管加热或蒸馏，切不可在火焰上直接加热。

（3）使用强毒性物质和致癌物要戴手套和防毒面罩，在通风橱中进行，使用过毒性物和致癌物的仪器要立即单独冲洗处理。

（4）有毒物质应严格规定领用制度，办理审批手续方可领取，在使用期间由专人管理。

（5）实验中所用过的试剂，特别是腐蚀性强的试剂，实验结束后要进行处理，不要直接倒入水槽，应先稀释后倒掉，再用大量水冲洗。使用剩下的有毒试剂更不能随意倒入水槽或废液缸，要将之转化为无毒物质然后弃掉。有渣滓的废液和其他固体废物不准丢入水槽，以免阻塞管道，碎玻璃丢入指定的缸内。

（三）常用缓冲液的配制

1. 甘氨酸–盐酸缓冲溶液（0.05 mol/L，pH 值 2.2~3.6）

X mL 0.2 mol/L 甘氨酸 + Y mL 0.2 mol/L 盐酸，再加水稀释至 200 mL。

pH 值	X（mL）	Y（mL）	pH 值	X（mL）	Y（mL）
2.2	50	44.0	3.0	50	11.4
2.4	50	32.4	3.2	50	8.2
2.6	50	24.2	3.4	50	6.4
2.8	50	16.8	3.6	50	5.0

注：甘氨酸相对分子质量=75.07；0.2 mol/L 甘氨酸溶液为 15.01 g/L。

2. 磷酸氢二钠–磷酸二氢钾缓冲溶液（1/15 mol/L，pH 值 4.92~9.18）

pH 值	0.067 mol/L Na_2HPO_4（mL）	0.067 mol/L KH_2PO_4（mL）	pH 值	0.067 mol/L Na_2HPO_4（mL）	0.067 mol/L KH_2PO_4（mL）
4.92	0.10	9.90	7.17	7.00	3.00
5.29	0.50	9.50	7.38	8.00	2.00
5.91	1.00	9.00	7.73	9.00	1.00

（续表）

pH 值	0.067 mol/L Na$_2$HPO$_4$ （mL）	0.067 mol/L KH$_2$PO$_4$ （mL）	pH 值	0.067 mol/L Na$_2$HPO$_4$ （mL）	0.067 mol/L KH$_2$PO$_4$ （mL）
6.24	2.00	8.00	8.04	9.50	0.50
6.47	3.00	7.00	8.34	9.75	0.25
6.64	4.00	6.00	8.67	9.90	0.10
6.81	5.00	5.00	9.18	10.00	0.00
6.98	6.00	4.00			

注：Na$_2$HPO$_4$·2H$_2$O 相对分子质量=178.05；0.067 mol/L 溶液为 11.876 g/L。

KH$_2$PO$_4$ 相对分子质量=136.09；0.067 mol/L 溶液为 9.078 g/L。

3. 磷酸氢二钠-磷酸二氢钠缓冲溶液（0.2 mol/L，pH 值 5.8~8.0）

pH 值	0.2 mol/L Na$_2$HPO$_4$ （mL）	0.2 mol/L NaH$_2$PO$_4$ （mL）	pH 值	0.2 mol/L Na$_2$HPO$_4$ （mL）	0.2 mol/L NaH$_2$PO$_4$ （mL）
5.8	8.0	92.0	7.0	61.0	39.0
6.0	12.3	87.7	7.2	72.0	28.0
6.2	18.5	81.5	7.4	81.0	19.0
6.4	26.5	73.5	7.5	87.0	13.0
6.6	37.5	62.5	7.8	91.5	8.5
6.8	49.0	51.0	8.0	94.7	5.3

注：Na$_2$HPO$_4$·12H$_2$O 相对分子质量=358.22；0.2 mol/L 溶液为 71.64 g/L。

Na$_2$HPO$_4$·2H$_2$O 相对分子质量=178.05；0.2 mol/L 溶液为 35.61 g/L。

NaH$_2$PO$_4$·2H$_2$O 相对分子质量=156.03；0.2 mol/L 溶液为 31.21 g/L。

NaH$_2$PO$_4$·H$_2$O 相对分子质量=138.01；0.2 mol/L 溶液为 27.6 g/L。

4. 磷酸二氢钾-氢氧化钠缓冲溶液（0.05 mol/L，pH 值 5.8~8.0）

X mL 0.2 mol/L 磷酸二氢钾 + Y mL 0.2 mol/L 氢氧化钠，再加水稀释至 20 mL。

pH 值	X（mL）	Y（mL）	pH 值	X（mL）	Y（mL）
5.8	5	0.372	7.0	5	2.963
6.0	5	0.570	7.2	5	3.500
6.2	5	0.860	7.4	5	3.950
6.4	5	1.260	7.6	5	4.280
6.6	5	1.780	7.8	5	4.520
6.8	5	2.365	8.0	5	4.680

5. 邻苯二甲酸-盐酸缓冲液（0.05 mol/L，pH 值 2.2~3.8）

X mL 0.2 mol/L 邻苯二甲酸氢钾 + Y mL 0.2 mol/L 盐酸，再加水稀释至 20 mL。

pH 值	X（mL）	Y（mL）	pH 值	X（mL）	Y（mL）
2.2	5	4.670	3.2	5	1.470
2.4	5	3.960	3.4	5	0.990
2.6	5	3.295	3.6	5	0.597
2.8	5	2.642	3.8	5	0.263
3.0	5	2.032			

注：邻苯二甲酸氢钾相对分子质量 = 204.23；0.2 mol/L 溶液为 40.85 g/L。

6. 乙酸-乙酸钠缓冲溶液（0.2 mol/L，pH 值 3.7~5.8）

pH 值	0.2 mol/L NaAc（mL）	0.2 mol/L HAc（mL）	pH 值	0.2 mol/L NaAc（mL）	0.2 mol/L HAc（mL）
3.7	8.0	90.0	4.8	59.0	41.0
3.8	12.3	88.0	5.0	70.0	30.0
4.0	18.5	82.0	5.2	79.0	21.0
4.2	26.5	73.5	5.4	86.0	14.0
4.4	37.5	63.0	5.6	91.0	9.0
4.6	49.0	51.0	5.8	94.0	6.0

注：NaAc·3H$_2$O 相对分子质量 = 136.09，0.2 mol/L 溶液为 27.22 g/L。

0.2 mol/L 乙酸溶液含乙酸 11.7 mL/L。

7. 巴比妥-盐酸缓冲溶液（pH 值 6.8~9.6）

100 mL 0.04 mol/L 巴比妥（8.25 g/L）+ X mL 0.2 mol/L 盐酸混合。

pH 值	0.2 mol/L HCl（mL）	pH 值	0.2 mol/L HCl（mL）	pH 值	0.2 mol/L HCl（mL）
6.8	18.4	7.8	11.47	8.8	2.52
7.0	17.8	8.0	9.39	9.0	1.65
7.2	16.7	8.2	7.21	9.2	1.13
7.4	15.3	8.4	5.21	9.4	0.70
7.6	13.4	8.6	3.82	9.6	0.35

8. Tris-盐酸缓冲溶液（0.05 mol/L，pH 值 7.10~8.90，25℃）

50 mL 0.1 mol/L 三羟甲基氨基甲烷（Tris）溶液与 X mL 0.1 mol/L 盐酸混匀，加蒸馏水稀释至 100 mL。

pH 值	X（mL）	pH 值	X（mL）
7.10	45.7	8.10	26.2
7.20	44.7	8.20	22.9
7.30	43.4	8.30	19.9
7.40	42.0	8.40	17.2
7.50	40.3	8.50	14.7
7.60	38.5	8.60	12.4
7.70	36.6	8.70	10.3
7.80	34.5	8.80	8.5
7.90	32.0	8.90	7.0
8.00	29.2		

注：三羟甲基氨基甲烷（Tris）相对分子质量＝121.14，0.1 mol/L 溶液为 12.114 g/L。

9. 柠檬酸–柠檬酸钠缓冲液（pH 值 3.0~6.2）

pH 值	0.1 mol/L 柠檬酸（mL）	0.1 mol/L 柠檬酸三钠（mL）	pH 值	0.1 mol/L 柠檬酸（mL）	0.1 mol/L 柠檬酸三钠（mL）
3.0	82.0	18.0	4.8	40.0	60.0
3.2	77.5	22.5	5.0	35.5	65.0
3.4	73.0	27.0	5.2	30.5	69.5
3.6	68.5	31.5	5.4	25.5	74.5
3.8	63.5	36.5	5.6	21.0	79.0
4.0	59.0	41.0	5.8	16.0	84.0
4.2	54.0	46.0	6.0	11.5	88.5
4.4	49.5	50.5	6.2	8.0	92.0
4.6	44.5	55.5			

注：柠檬酸·H_2O 相对分子质量＝210.14；1 mol/L 溶液为 21.01 g/L。
柠檬酸三钠·$2H_2O$ 相对分子质量＝294.12；1 mol/L 溶液为 29.41 g/L。

10. 硼砂–硼酸缓冲溶液（pH 值 7.4~8.8）

pH 值	0.05 mol/L 硼砂（mL）	0.2 mol/L 硼酸（mL）	pH 值	0.05 mol/L 硼砂（mL）	0.2 mol/L 硼酸（mL）
7.4	1.0	9.0	8.2	3.5	6.5
7.6	1.5	8.5	8.4	4.5	5.5
7.8	2.0	8.0	8.6	6.0	4.0
8.0	3.0	7.0	8.8	8.0	2.0

注：硼砂 $Na_2B_4O_7 \cdot 10H_2O$ 相对分子质量＝381.43，0.05 mol/L 溶液为 19.07 g/L。
硼酸 H_3BO_3 相对分子质量＝61.84，0.2 mol/L 溶液为 12.37 g/L。

11. 碳酸钠–碳酸氢钠缓冲溶液（0.1 mol/L，pH 值 8.8~10.8）

Ca^{2+}、Mg^{2+} 存在时不得使用。

pH 值		0.1 mol/L Na_2CO_3（mL）	0.1 mol/L $NaHCO_3$（mL）
20℃	37℃		
9.2	8.8	10	90
9.4	9.1	20	80
9.5	9.4	30	70
9.8	9.5	40	60
9.9	9.7	50	50
10.1	9.9	60	40
10.3	10.1	70	30
10.5	10.3	80	20
10.8	10.6	90	10

注：$Na_2CO_3 \cdot 10H_2O$ 相对分子质量 = 286.2，0.1 mol/L 溶液含 28.62 g/L。

NaHCO_3 相对分子质量 = 84.0，0.1 mol/L 溶液含 8.40 g/L。

12. 氯化钾–氢氧化钠缓冲溶液（0.2 mol/L）

25 mL 0.2 mol/L 氯化钾溶液 + X mL 0.2 mol/L 氢氧化钠溶液，加水稀释至 100 mL。

pH 值	X（mL）	pH 值	X（mL）	pH 值	X（mL）
12.0	6.0	12.4	16.2	12.8	41.2
12.1	8.0	12.5	20.4	12.9	53.0
12.2	10.2	12.6	25.6	13.0	66.0
12.3	12.8	12.7	32.2		

注：氯化钾（KCl）相对分子质量 = 74.55，0.2 mol/L 溶液为 14.91 g/L。

氢氧化钠（NaOH）相对分子质量 = 40.0，0.2 mol/L 溶液为 8.0 g/L。

邻苯二甲酸氢钾相对分子质量 = 204.23；0.2 mol/L 溶液为 40.85 g/L。

三、实验室常用酸碱指示剂

1. 酸碱指示剂

名称	pH 值变色范围	酸色	碱色	pKa	浓度
甲基紫（第一次变色）	0.13~0.5	黄	绿	0.8	0.1%水溶液
甲酚红（第一次变色）	0.2~1.8	红	黄	–	0.04%乙醇（50%）溶液
甲基紫（第二次变色）	1.0~1.5	绿	蓝	–	0.1%水溶液
百里酚蓝（第一次变色）	1.2~2.8	红	黄	1.65	0.1%乙醇（20%）溶液

（续表）

名称	pH 值变色范围	酸色	碱色	pKa	浓度
茜素黄 R（第一次变色）	1.9~3.3	红	黄	–	0.1%水溶液
甲基紫（第三次变色）	2.0~3.0	蓝	紫	–	0.1%水溶液
甲基黄	2.9~4.0	红	黄	3.3	0.1%乙醇（90%）溶液
溴酚蓝	3.0~4.6	黄	蓝	3.85	0.1%乙醇（20%）溶液
甲基橙	3.1~4.4	红	黄	3.40	0.1%水溶液
溴甲酚绿	3.8~5.4	黄	蓝	4.68	0.1%乙醇（20%）溶液
甲基红	4.4~6.2	红	黄	4.95	0.1%乙醇（60%）溶液
溴百里酚蓝	6.0~7.6	黄	蓝	7.1	0.1%乙醇（20%）
中性红	6.8~8.0	红	黄	7.4	0.1%乙醇（60%）溶液
酚红	6.8~8.0	黄	红	7.9	0.1%乙醇（20%）溶液
甲酚红（第二次变色）	7.2~8.8	黄	红	8.2	0.04%乙醇（50%）溶液
百里酚蓝（第二次变色）	8.0~9.6	黄	蓝	8.9	0.1%乙醇（20%）溶液
酚酞	8.2~10.0	无色	紫红	9.4	0.1%乙醇（60%）溶液
百里酚酞	9.4~10.6	无色	蓝	10.0	0.1%乙醇（90%）溶液
茜素黄 R（第二次变色）	10.1~12.1	黄	紫	11.16	0.1%水溶液
靛胭脂红	11.6~14.0	蓝	黄	12.2	25%乙醇（50%）溶液

2. 混合酸碱指示剂

名称	浓度	组成	变色点 pH 值	酸色	碱色
甲基黄	0.1%乙醇溶液	1：1	3.28	蓝紫	绿
亚甲基蓝	0.1%乙醇溶液				
甲基橙	0.1%水溶液	1：1	4.3	紫	绿
苯胺蓝	0.1%水溶液				
溴甲酚绿	0.1%乙醇溶液	3：1	5.1	酒红	绿
甲基红	0.2%乙醇溶液				
溴甲酚绿钠盐	0.1%水溶液	1：1	6.1	黄绿	蓝紫
氯酚红钠盐	0.1%水溶液				
中性红	0.1%乙醇溶液	1：1	7.0	蓝紫	绿
亚甲基蓝	0.1%乙醇溶液				
中性红	0.1%乙醇溶液	1：1	7.2	玫瑰	绿
溴百里酚蓝	0.1%乙醇溶液				
甲酚红钠盐	0.1%水溶液	1：3	8.3	黄	紫
百里酚蓝钠盐	0.1%水溶液				
酚酞	0.1%乙醇溶液	1：2	8.9	绿	紫
甲基绿	0.1%乙醇溶液				
酚酞	0.1%乙醇溶液	1：1	9.9	无色	紫
百里酚酞	0.1%乙醇溶液				
百里酚酞	0.1%乙醇溶液	2：1	10.2	黄	绿
茜素黄 R	0.1%乙醇溶液				

注：混合酸碱指示剂要保存在深色瓶中。

参考文献

胡兰，2006. 动物生物化学实验教程［M］. 北京：中国农业大学出版社.

蒋立科，杨婉身，2003. 现代生物化学实验技术［M］. 北京：中国农业出版社.

李树伟，2012. 生物化学实验［M］. 北京：北京科学技术出版社.

刘国琴，吴玮，陈鹏，2011. 现代蛋白质实验技术［M］. 北京：中国农业大学出版社.

马艳琴，杨致芬，2019. 生物化学研究技术［M］. 北京：中国农业出版社.

宋治军，纪重光，1995. 现代分析仪器与测试方法［M］. 西安：西北大学出版社.

魏灵芝，毛文文，李冰冰，等，2018. CTAB 法提取草莓 DNA. Bio-101：e1010219. DOI：10. 21769/BioProtoc. 1010219.

萧能應，余瑞元，袁明秀，等，2005. 生物化学实验原理和方法［M］. 2版. 北京：北京大学出版社.

徐远涛，余惠文，程运江，等，2018. CTAB 法微量提取柑橘基因组 DNA. Bio-101：e1010198. DOI：10. 21769/BioProtoc. 1010198.

张龙翔，张庭芳，李令媛，1997. 生化实验方法和技术［M］. 北京：高等教育出版社.

中华人民共和国卫生部. 食品安全国家标准食品中蛋白质的测定：GB 5009. 5—2016［S］. 北京：中国标准出版社.

中华人民共和国卫生部. 食品安全国家标准食品中还原糖的测定：GB 5009. 7—2016［S］. 北京：中国标准出版社.

中华人民共和国卫生部. 食品安全国家标准食品中脂肪的测定：GB 5009. 6—2016［S］. 北京：中国标准出版社.

附　图

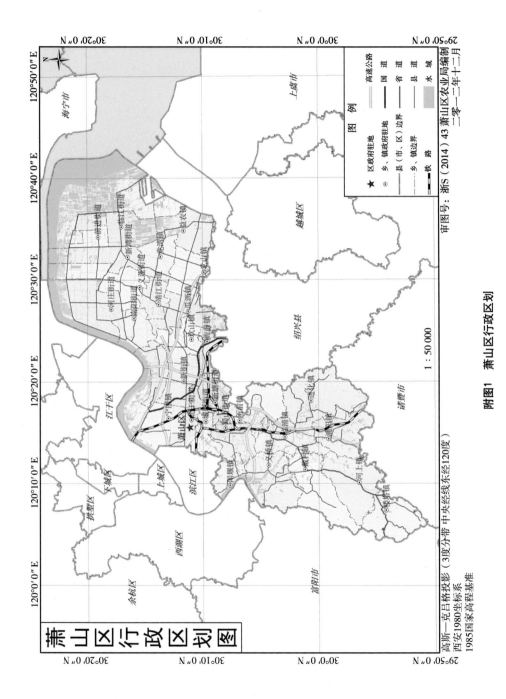

附图1 萧山区行政区划

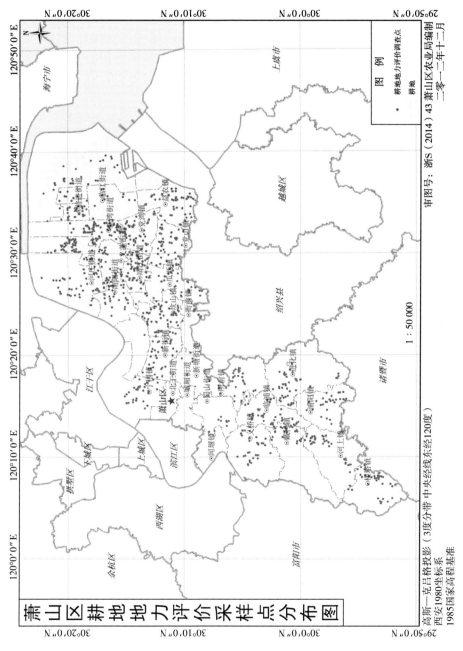

附图2　萧山区耕地评价采样点分布

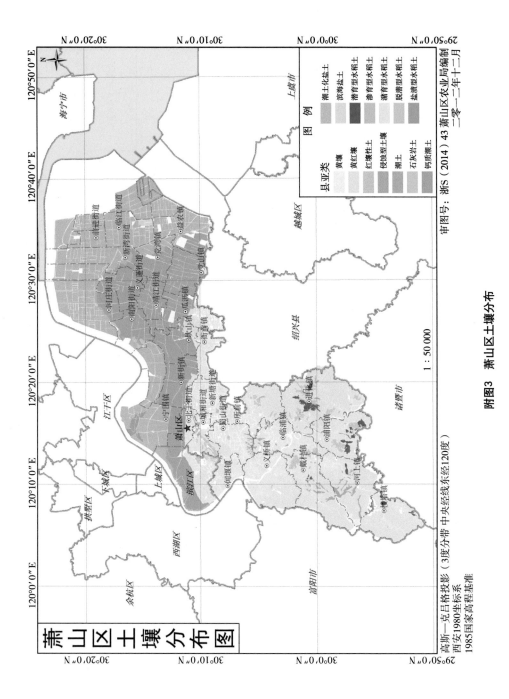

附图3　萧山区土壤分布

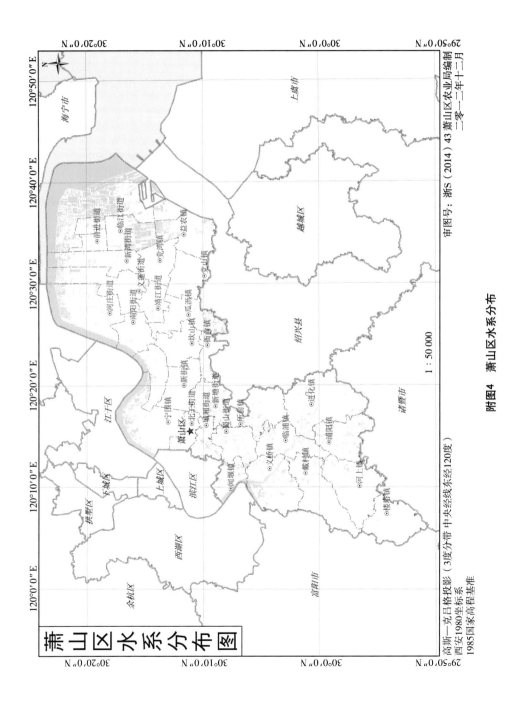

审图号：浙S（2014）43 萧山区农业局编制
二零一二年十二月

附图4 萧山区水系分布

高斯—克吕格投影（3度分带 中央经线东经120度）
西安1980坐标系
1985国家高程基准

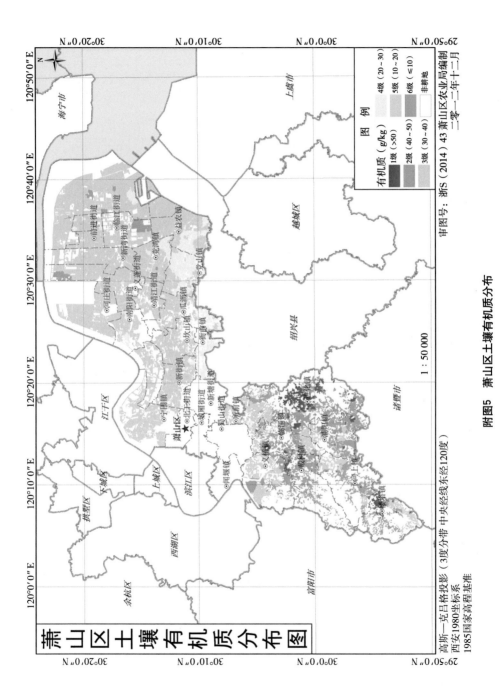

附图5　萧山区土壤有机质分布

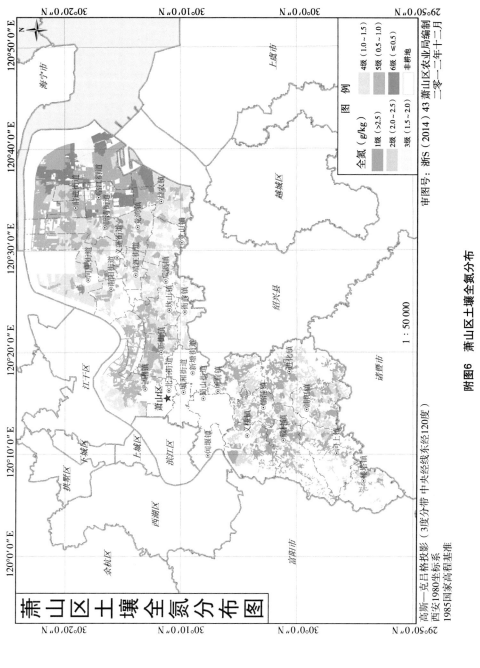

附图6 萧山区土壤全氮分布

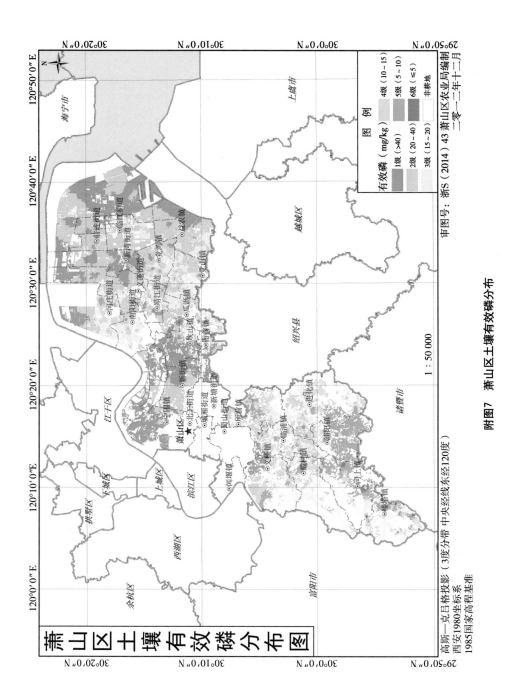

附图7 萧山区土壤有效磷分布

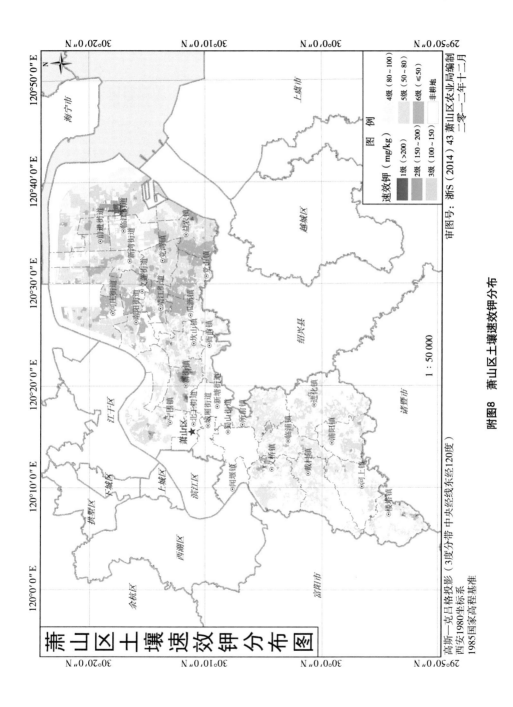

附图8 萧山区土壤速效钾分布

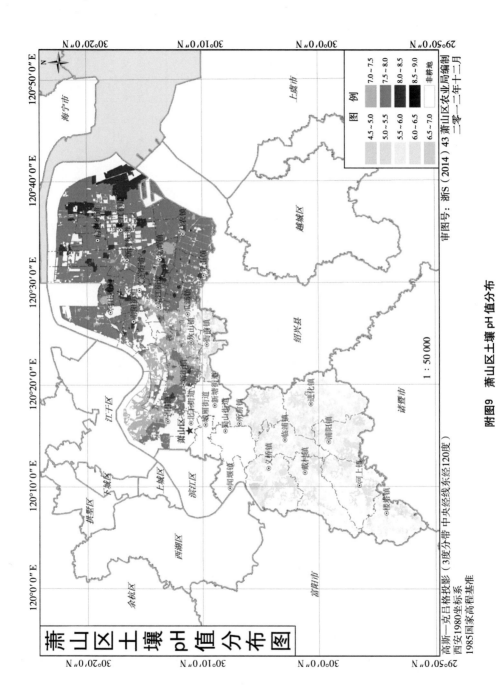

附图9　萧山区土壤 pH 值分布

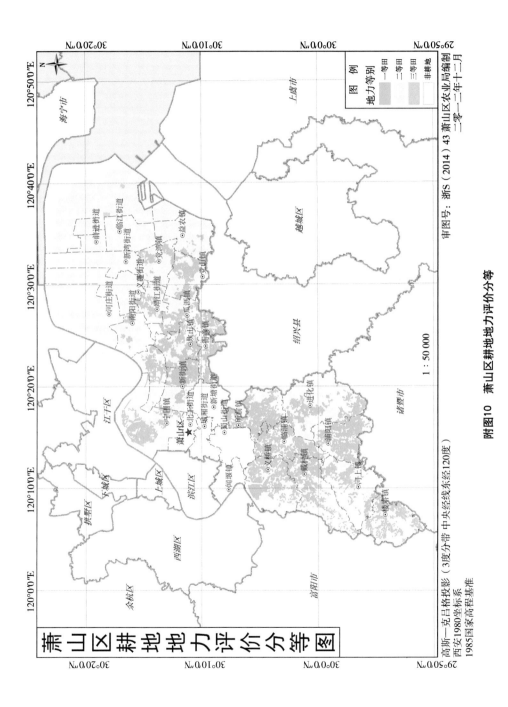

附图10 萧山区耕地地力评价分等

审图号：浙S（2014）43 萧山区农业局编制
二零一二年十二月

高斯—克吕格投影（3度分带 中央经线东经120度）
西安1980坐标系
1985国家高程基准

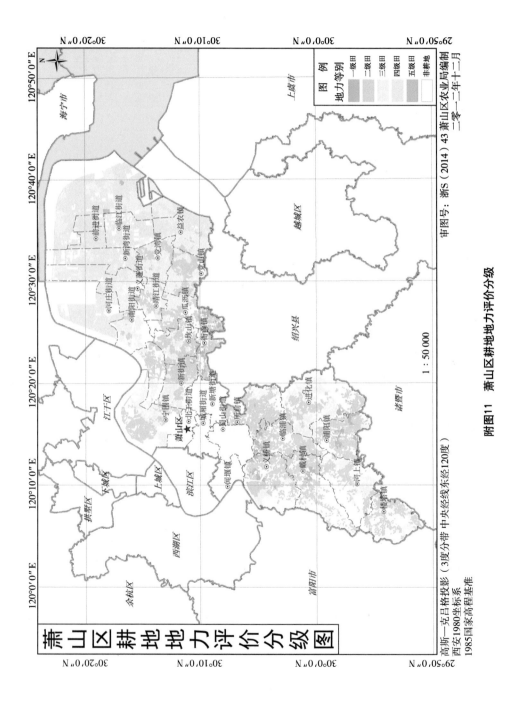

附图11 萧山区耕地地力评价分级